PETER FRITZSCHE

HAMSTER

So fühlen sie sich rundum wohl

INHALT

Der erste Kontakt

Endlich zu Hause

Teste dein Hamsterwissen!

Scanne den QR-Code und finde heraus, wie viel du schon über die kleinen Nager weißt. Erfahre spannende Fakten und lerne noch mehr über deine Lieblingstiere.

Hier geht's zum Quiz:

Rundum gepflegt

Immer in Bewegung bleiben

Service

Auf einen Blick

STECKBRIEF

Hamster

Quicklebendig und voller Überraschungen! Hamster sind faszinierende Tiere. Fast jeder hat schon einmal von den berühmten Hamsterbacken gehört. Aber die kleinen Nager haben noch andere spannende Fähigkeiten und es macht Spaß, ihnen bei ihrem quirligen Treiben zuzusehen. Was Hamster alles können und was sie so besonders macht, erfahren Sie hier.

In Deutschland werden über eine halbe Million der kleinen Nager mit den großen Backentaschen gehalten. Der in freier Natur lebende Feldhamster dagegen ist vom Aussterben bedroht. Nur zwischen 10.000 und 50.000 von ihnen gibt es hierzulande noch.

6 Kilometer

legt ein Goldhamster im Laufrad durchschnittlich zurück, wenn er nachts unterwegs ist.

Hochgerechnet auf die durchschnittliche Größe eines Menschen entspricht das etwa 57 Kilometer. Das ist deutlich mehr als eine Marathonstrecke.

20%

VIEL PLATZ IN DEN HAMSTERBACKEN:

Das darin verstaute Material oder Futter kann bis zu 20 Prozent des eigenen Körpergewichts betragen.

16 Tage –

nach nur etwas mehr als zwei Wochen Tragzeit bringt das Goldhamsterweibchen seine Jungen zur Welt. Das ist Rekord unter den Säugetieren.

650 g

Dieses Gewicht kann ein ausgewachsener Feldhamster auf die Waage bringen.

1,9°

Körpertemperatur

Feldhamster im Winterschlaf senken ihre Körpertemperatur bis unter zwei Grad Celsius ab. Das kann der Goldhamster nicht. Bei ihm fällt die Körpertemperatur auf minimal fünf Grad Celsius.

Der erste Kontakt

Knopfaugen, Stupsnase und drolliges Wesen: Goldhamster sehen einfach niedlich aus. Allerdings sind sie in ihrer Haltung und ihrer Pflege weitaus anspruchsvoller, als es auf den ersten Blick vielleicht erscheint.

KLEIN UND VOLLER ENERGIE!

Viele Kinder wünschen sich ein eigenes Haustier. Auf der Suche nach einem »pflegeleichten« Spielgefährten stoßen nicht wenige auf den Hamster. Es scheint ja auch so einfach: Fast jede Zoohandlung hat die possierlichen Tierchen vorrätig. Also nichts wie los ins nächste Fachgeschäft und einen Hamster samt Käfig gekauft. Doch halt! Abgesehen von der Verantwortung, die Sie für ein Tier übernehmen müssen, haben gerade Hamster ihre Eigenheiten. Und genau aus diesem Grund zählen sie nicht gerade zu den anspruchslosen Heimtieren.

BESONDERE BEDÜRFNISSE

Für Kinder unter zwölf Jahren sind Hamster eigentlich gar nicht geeignet. Warum? Hier nur ein paar Gründe: Die Tiere leben allein und haben nicht gern Gesellschaft. Sie wollen sich nicht anfassen lassen – sind also alles andere als Kuscheltiere – und leiden leicht unter Stress. Sie sind nachtaktiv – wollen also zu den Zeiten, wenn wir wach sind, ihre Ruhe haben und schlafen. Und sie haben mit rund zwei Jahren eine recht kurze Lebenserwartung. Sie sind sich sicher, all das in Kauf zu nehmen, und interessieren sich auch nach der Lektüre dieses Ratgebers noch immer (oder gerade) für die Hamsterhaltung? Dann können Sie auch viel Freude an Ihrem neuen Hausgefährten haben. Und damit das Zusammenleben gut funktioniert, habe ich dieses Buch geschrieben.

DIE VIELFALT DER ARTEN

Bevor Sie nun also losmarschieren, um einen Hamster zu kaufen, müssen Sie sich zunächst entscheiden, welchen Sie wählen möchten. Immerhin gibt es ungefähr 20 verschiedene Hamsterarten (über die genaue Zahl sind sich die Experten nicht ganz einig). Nur fünf davon sind jedoch für die Heimtierhaltung geeignet: Goldhamster, Dsungarischer Zwerghamster, Campbell-Zwerghamster, Roborowski-Zwerghamster und Chinesischer Streifenhamster. Informationen zu ihren Ansprüchen finden Sie ab Seite 16.

DIE GOLDHAMSTER-STORY

Auch wenn heute fast jedes Kind weiß, wie ein Goldhamster aussieht: Es ist noch gar nicht so lange her, dass diese Tiere bei uns völlig unbekannt waren. In Deutschland kennt man den Hamster erst seit 1948 und entsprechend kurz wird er als Heimtier gehalten.

WIE ALLES BEGANN

1797 wurde der Goldhamster erstmals in der Literatur erwähnt. Doch erst 1839 wurde er wissenschaftlich beschrieben und erhielt seinen Namen: *Mesocricetus auratus*. Das erste Wort *(Mesocricetus)* ist der Gattungsname und bedeutet »Mittelhamster«. Zu dieser Gattung zählen neben dem Goldhamster noch drei andere Arten. *»auratus«* ist der Artname und bedeutet »golden«.

Es mussten aber nochmals fast 100 Jahre vergehen, ehe es gelang, einen lebenden Goldhamster zu finden. Der israelische Zoologe Israel Aharoni grub 1930 in einem Weizenfeld in Syrien eine Hamstermutter mit elf Jungen aus, von denen ein Weibchen und drei Männchen überlebten. Weltweit stammen bis heute alle gehaltenen Hamster aus der Paarung dieser vier Hamstergeschwister ab.

Um nicht von einem feindlichen Tier entdeckt zu werden, duckt sich dieser wild lebende Hamster flach auf den Boden, während er vorsichtig zur nächsten Futterpflanze schleicht.

IM GOLDHAMSTERREICH

Da sich die kleinen Tiere schnell und erfolgreich züchten lassen, wurde in ihrer ursprünglichen Heimat nur noch wenig nach ihnen gesucht. Im letzten Viertel des vergangenen Jahrhunderts wurde im Institut für Zoologie in Halle begonnen, das Verhalten der Goldhamster in Laborhaltung zu erforschen. Doch bald entstand der Wunsch, die Tiere auch in freier Wildbahn zu beobachten. 1999 reisten wir unter der Leitung von Professor Rolf Gattermann zu einer Expedition nach Syrien. Das Graben war erfolgreich: 19 wilde Hamster kamen mit uns zurück nach Halle. Ich erinnere mich noch, wie groß die Freude war, den ersten Goldhamster in freier Wildbahn zu sehen. Da der Aufenthalt in Syrien zunehmend schwieriger wurde, nahmen wir Kontakt mit türkischen Kollegen der Uni Ankara auf. Mit ihrer Hilfe bereisten wir die Südtürkei und fanden im Grenzgebiet zu Syrien weitere Vorkommen des Goldhamsters. Ihr Verhalten wurde in den Folgejahren mit Unterstützung der dort lebenden Bauern untersucht.

ZWERGHAMSTER

Noch jünger als die Geschichte des Goldhamsters ist die seiner kleineren »Verwandten«, der Zwerghamster. Sie werden bei uns erst seit den 1980er-Jahren im Zoohandel angeboten und deshalb auch erst seitdem als Heimtier gehalten. Am weitesten lässt sich die Geschichte des Dsungarischen Zwerghamsters zurückverfolgen. Er wurde bereits 1773 von dem Deutschen Simon Pallas auf einer seiner Reisen entdeckt und beschrieben. Die anderen drei in diesem Buch vorgestellten Arten – Campbell-Zwerghamster, Roborowski-Zwerghamster und Chinesischer Streifenhamster – wurden erst kurz vor oder nach Beginn des 20. Jahrhunderts wissenschaftlich beschrieben. In dieser Zeit fanden immer mehr Forschungsreisen in ihre heimatlichen Lebensräume statt. Wir unternahmen Expeditionen zu den Vorkommen der Zwerghamster mit russischen Kollegen aus Moskau nach Südrussland und Kasachstan. Auch in Gebieten der inneren Mongolei (China) wurde nach Zwerghamstern gesucht. Es ist interessant, wie die Tiere den oft widrigen Umweltbedingungen – trockene und heiße Sommer, oft sehr kalte Winter mit Schnee – angepasst sind.

Schon gewusst?

Goldhamster verbringen den überwiegenden Teil ihres kurzen Lebens in ihrem selbst gegrabenen Bau unter der Erde. Tagsüber sind sie nur sehr selten außerhalb ihrer Heimstatt zu beobachten. Obwohl der Goldhamster zwar als nachtaktiv bezeichnet wird, verlassen dennoch wildlebende Tiere in der Dunkelheit der Nacht ihren Bau nur selten. Mithilfe der sogenannten RFID-Technik konnte die Oberflächenaktivität der Goldhamster untersucht werden. Dazu fing man die Tiere mit Kastenfallen und applizierte ihnen einen Transponder (als Chip bei Haustieren jetzt die Regel) unter die Haut. Die Baueingänge wurden mit ringförmigen Antennen versehen und diese mit einer automatischen Registriereinrichtung und einer Batterie verbunden. So konnte das Verlassen oder Aufsuchen des Baus über mehrere Tage dokumentiert werden. Man fand heraus, dass Goldhamster nur in der Abend- und Morgendämmerung außerhalb des Baus unterwegs sind. Im Winter und bei großer Trockenheit im Sommer wird der Bau mit einem Erdpfropfen verschlossen.

Ist ein Hamster das richtige Tier für mich?

Hamster sind bezaubernde kleine Wesen, Doch sie haben besondere Bedürfnisse und Eigenheiten, die man kennen sollte. Nur wenn alle folgenden Aussagen auf Sie zutreffen, ist ein Hamster das richtige Tier für Sie:

1. RESPEKT

Ich weiß, dass mein Hamster es nicht mag, wenn ich ihn in die Hand nehme. Aber ich komme gut damit klar, dass er kein Kuscheltier ist.

2. LEBENSERWARTUNG

Ich weiß und bin darauf vorbereitet, dass mein Hamster nur etwa zwei bis drei Jahre alt wird.

3. EINZELGÄNGER

Ich finde mich damit ab, dass mein Hamster ungesellig ist, erst abends aktiv wird und am Tag seine Ruhe haben will.

4. VERANTWORTUNG

Ich bin älter als zwölf Jahre und habe mir gründlich überlegt, was es bedeutet, einen Hamster zu halten. Ich bin bereit, mich täglich um das Tier zu kümmern.

5. BESCHÄFTIGUNG

Ich kann meinem Hamster einen großen, abwechslungsreich ausgestatteten Käfig bieten. Außerdem habe ich einen großzügigen Freilauf-Parcours für ihn angelegt.

6. GUT VERSORGT

Ich kenne jemanden, der meinen Hamster zuverlässig versorgt, wenn ich mal wegfahre. Mit dieser Person spreche ich mich rechtzeitig ab, bevor ich in die Ferien gehe.

Fazit

Vor dem Hamsterkauf ist es wichtig, sich gründlich über die richtige Haltung, die gesunde Ernährung und den passenden Käfig zu informieren. Nur so wird dem kleinen Nager ein artgerechtes und glückliches Leben ermöglicht.

VON WINTERSCHLAF BIS WÜSTENLEBEN

Wild lebende Hamster gibt es in ganz Europa und Asien. Der Feldhamster, die größte Art, findet sich sogar bei uns in Deutschland. Die zur Heimtierhaltung geeigneten Arten stammen jedoch alle aus dem asiatischen Raum. Der Goldhamster beispielsweise kommt in freier Natur ausschließlich im Norden Syriens und in einem schmalen Landstrich der Südtürkei vor. Damit ist die Art die am geringsten verbreitete und entsprechend am stärksten bedroht.

Um Campbell-Zwerghamster, Dsungarische Zwerghamster, Roborowski-Zwerghamster oder Chinesische Streifenhamster in freier Natur zu beobachten, müssten Sie sogar noch weiter reisen: in den Osten Russlands, nach Kasachstan, in die Mongolei und nach China. Dort leben sie vorwiegend in Steppen und Halbwüsten mit karger Vegetation. Roborowski-Zwerghamster haben sich sogar den harten Bedingungen der mongolischen und chinesischen Wüste angepasst. Goldhamster dagegen ziehen bewirtschaftete Felder dem kargen Steppen- und Wüstenboden vor. Besonders Linsenfelder haben es den kleinen Nagern angetan. Es ist schon ein Erlebnis, sie dort in den Abendstunden beim emsigen Hamstern von Pflanzen zu beobachten. Da verwundert es nicht, dass sie bei den Bauern keine gern gesehenen Gäste sind und sogar mit chemischen Mitteln bekämpft werden. Und als ich einem syrischen Bauern erzählte, dass Goldhamster in Europa als Heimtiere gehalten werden, hat er nur ungläubig gelacht.

WIE LEBEN HAMSTER?

Das Erste, was mir zum Lebensstil der Hamster einfällt, ist: Sie lieben das Single-Dasein. Besonders Goldhamster reagieren sauer, wenn sie auf Artgenossen treffen. Sie gehen sich aus dem Weg oder liefern sich gar kämpferische Auseinandersetzungen.

Wenn der Hamster sicher ist, dass keine Gefahr droht, verlässt er seinen Bau, um Futter zu suchen.

Eine Ausnahme ist natürlich die Paarungszeit, in der die Männchen nach den Weibchen suchen. Nach der Paarung verlassen sie sie wieder, wenn sie nicht ohnehin von diesem vertrieben werden. Zwerghamster sind weniger strikte Einzelgänger. Teils helfen die Männchen sogar bei der Aufzucht der Jungen. Jedoch gibt es bisher kaum Erkenntnisse zum Leben der Zwerghamster in der Natur – hier steht die Feldforschung erst am Anfang. Wer Zwerghamster hält, weiß aber, dass sie sich auch paarweise vertragen (→ Seite 31).

Alle Hamsterarten verbringen die meiste Zeit des Tages in selbst gegrabenen Bauen unter der Erde. Dort fühlen sie sich sicher, weshalb sie bei der geringsten Beunruhigung unter Tage verschwinden. Die Baue liegen bis zu einem Meter unter der Erde und haben in der Regel nur einen Ein- und Ausgang. Durch diese senkrechte Fallröhre lässt sich der Hamsterbau mit einiger Übung gut von den Bauen anderer Kleinsäuger unterscheiden (etwa Mäusen). Früher ging die Wissenschaft davon aus, dass Hamster die ganze Nacht über außerhalb des Baus aktiv sind. Heute weiß man, dass sie zwar etwa eine Stunde vor Sonnenuntergang ihren Bau verlassen. Wenn es dunkel wird, verschwinden sie aber wieder darin, ehe sie am nächsten Morgen nach Sonnenaufgang erneut für rund eine Stunde zum Vorschein kommen. Wie aktiv die Tiere in ihrem Bau sind, ist schwierig zu untersuchen. Werden sie im Labor oder als Heimtier bei Zimmertemperatur in einem Käfig mit Schlafbox sowie einem künstlichen Tag mit ca. 14 Stunden Licht und 10 Stunden Dunkelheit gehalten, beginnt ihre Aktivität schon vor Lichtaus. Am aktivsten sind sie zwei bis drei Stunden nach Beginn der Dunkelheit. Später werden sie wieder ruhiger und schlafen bei Licht.

SCHLÄFRIG IM WINTER

Wie unser einheimischer Feldhamster hält auch der wild lebende Goldhamster in Syrien und der Südtürkei während der feuchten, kalten, nahrungsarmen Jahreszeit von November bis Februar Winterschlaf. Genauer gesagt wird sein Winterschlaf besser als Torpor bezeichnet, da er sich vom monatelangen Winterschlaf größerer Tiere, wie Murmeltier oder Bär, unterscheidet. Wenn es kühler wird, sinkt die Körpertemperatur des Goldhamsters und passt sich der Außentemperatur an. So wird Energie gespart. Nimmt die Tageslänge weiter ab und sinkt die Temperatur unter 8 °C, beginnt der Torpor. Der Hamster rollt sich ein, seine Körpertemperatur sinkt auf minimal 5 °C, nun atmet er weniger als einmal pro Minute. Starr und bewegungsunfähig, reagiert der Hamster nicht mehr auf äußere Reize. Allerdings bleibt er nicht ständig im Torpor, sondern wacht alle zwei bis fünf Tage auf. Er frisst dann von seiner gehamsterten Nahrung und setzt Kot und Urin ab. Das Aufwachen geht langsam vor sich und dauert zwei bis drei Stunden.

GANZJÄHRIG AKTIV

Zwerghamster halten keinen Winterschlaf. Das Verhältnis ihrer Oberfläche zum Körperinneren lässt sie schnell auskühlen, daher sind sie auch im Winter unterwegs und suchen Nahrung. Eine Ausnahme ist der Dsungarische Zwerghamster, der kurze Torpor-Phasen zeigen kann. Zusätzlich wird sein Fell im Winter weiß, um weniger aufzufallen, wenn er auf Schnee unterwegs ist.
In der Heimtierhaltung muss ein Absinken der Außentemperatur unter 15 °C vermieden werden. Die Tiere sind unter diesen Bedingungen nicht auf den Winterschlaf vorbereitet, sondern gestresst, und es ist schädlich für sie.

Anatomie und Sinne

Der Körperbau und die Sinnesorgane des Hamsters sind perfekt an sein Leben als nachtaktives Nagetier abgestimmt. So ausgestattet, kommt der Hamster in seinem natürlichen Lebensraum bestens zurecht.

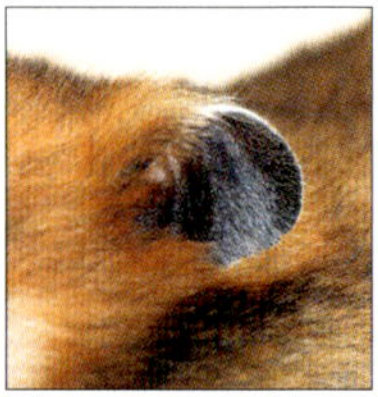

OHREN

Hamster können sehr gut hören. Besonders deutlich nehmen sie hohe Töne wahr – sogar solche im Ultraschallbereich. Vermeiden Sie daher alle quietschenden Geräusche und schrille Töne, um das empfindsame Tier nicht zu erschrecken.

BACKEN

Die Ausstülpungen der Mundschleimhaut reichen fast bis zu den Hinterbeinen. In die Backentaschen kann ein Goldhamster bis zu 20 g Getreide füllen. Durch wiederholtes Ausstreichen mit den Vorderbeinen werden sie wieder entleert.

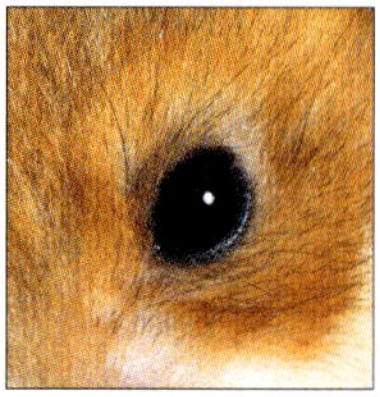

AUGEN

Mit ihren niedlichen Knopfaugen können Hamster nicht besonders gut sehen. Sie sind kurzsichtig und farbenblind: Grün- und Gelbtöne sehen sie wohl am besten – das ist gut fürs Hamstern.

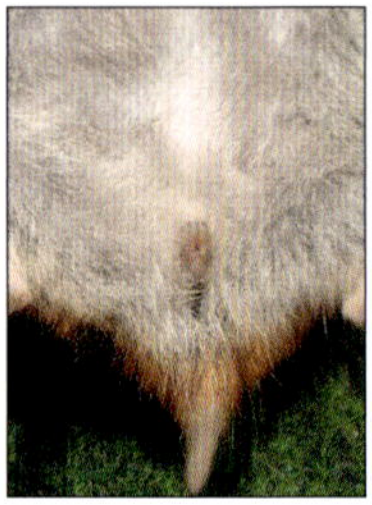

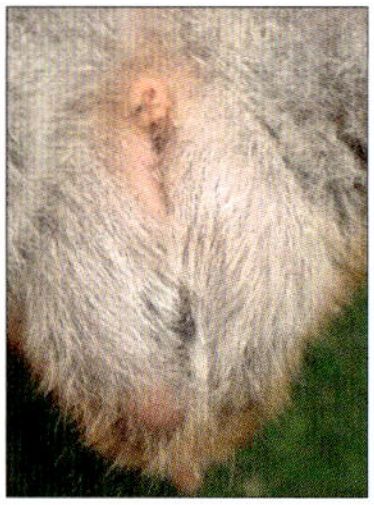

GESCHLECHT

Gerade bei Jungtieren ist es nicht immer ganz einfach, die Geschlechter zu unterscheiden. Ein Merkmal ist der Abstand von Geschlechts- und Afteröffnung, der bei Weibchen (links) kleiner ist als bei Männchen (rechts). Fast immer lassen sich zudem beim Männchen Hoden erkennen.

NASE

Hamster können sehr gut riechen. Sie können sich sogar gegenseitig am Geruch erkennen und suchen manchmal sogar ihren Partner mithilfe des Geruchssinns aus. Mit den Vibrissen (so heißen die Schnurrhaare des Hamsters) können sie Abgründe oder die Größe einer Öffnung ermitteln.

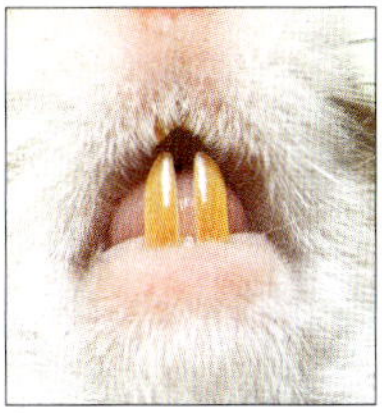

GEBISS

An ihren scharfen Schneidezähnen lässt sich deutlich erkennen, dass Hamster zu den Nagetieren gehören. Die vier Nagezähne wachsen ständig nach, weshalb der Hamster sie immer wieder abschleifen muss. Mit den zwölf Backenzähnen wird die Nahrung zermahlt.

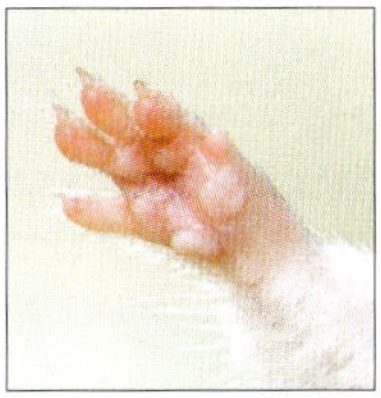

PFOTEN

Die Vorderpfoten haben vier Zehen. Mit ihnen halten Hamster die Nahrung fest und putzen sich. Auf den größeren Hinterpfoten mit ihren fünf Zehen können sich die Tiere aufrichten. Wichtig für das Wohlbefinden: Die Krallen müssen sich abwetzen können, am besten auf Holz.

HAMSTERARTEN IM ÜBERBLICK

Es gibt ca. 20 Hamsterarten. Im Tierreich bilden sie in der Ordnung der Nagetiere (Rodentia) eine Unterfamilie (Cricetinae) innerhalb der Familie der Wühler (Cricetidae). Zu dieser Familie gehören auch noch die Wühlmäuse. Drei der neun Gattungen der Hamster sind *Mesocricetus* (Goldhamster) sowie *Phodopus* und *Cricetulus* (die Zwerghamster) mit teils mehreren Arten. Die Anatomie der Hamster ähnelt der Anatomie aller Säugetiere. Besonderheiten sind allerdings der zweikammerige Magen (ein Vormagen zum Einweichen der Nahrung und ein Drüsenmagen zur Verdauung), ein relativ großer Blinddarm und bei den Weibchen eine zweigeteilte Gebärmutter. Alle Hamster besitzen überdies Backentaschen als Ausstülpungen der Mundschleimhaut, die fast bis zu den Hinterbeinen reichen und mit denen sich Nahrung transportieren lässt. Beim Goldhamster sind dies immerhin bis zu 20 Gramm Getreidekörner. Zum besseren Halt des Transportguts sind die Backentaschen dazu mit rauer Haut und Borsten ausgekleidet, sodass zu ihrer Entleerung oft die Vorderbeine zuhilfe genommen werden müssen.

GOLDHAMSTER

Die Wildform des Goldhamsters *(Mesocricetus auratus)* hat ein braunes Fell, einen grauen bis weißen Bauch und einen dunklen Wangenstreifen. Es gibt aber auch Zuchtformen. Die Tiere werden bis zu 18 Zentimeter lang und bis zu 180 Gramm schwer. Sie haben 4 Schneide- und 12 Backenzähne. Die Schneidezähne wachsen ständig nach und müssen deshalb immer die Möglichkeit zur Abnutzung haben. Die Vorderbeine haben vier Zehen, während die fünfte zurückgebildet ist. Die Hinterbeine haben dagegen fünf Zehen. Das Skelett der Hamster ist ziemlich zart und zerbrechlich, achten Sie deshalb darauf, dass Ihnen das Tier nicht aus großer Höhe herunterfällt.

ZWERGHAMSTER

In der Wissenschaft werden Zwerghamster Kurzschwanzhamster genannt. Doch hat sich dieser Name in der Heimtierhaltung nicht durchgesetzt.

Campbell-Zwerghamster und Dsungarischer Zwerghamster *(Phodopus campbelli* und *Phodopus sungorus):* Diese beiden Arten werden aufgrund ihres grauen Fells, des weißlichen Bauchs und des schwarzen Rückenstrichs oft miteinander verwechselt. Beim Dsungaren ist jedoch der Kontrast zwischen Bauch- und Rückenfärbung meist sehr viel deutlicher zu erkennen – ein gutes Unterscheidungsmerkmal. Auch ist bei dieser Art die Grenze, die zwischen der Ober- und Unterseite verläuft (die sogenannte Dreibogen-Linie), viel deutlicher zu sehen. Beide Arten werden rund 10 Zentimeter lang und bis zu 50 Gramm schwer. Wie beim Goldhamster gibt es verschiedene Zuchtformen.

Roborowski-Zwerghamster *(Phodopus roborovskii):* Die meist hellbraun bis gelblich gefärbten Tiere haben keinen schwarzen Rückenstrich und sind kleiner als die beiden vorgenannten Arten. »Robos« sind nur 9 Zentimeter lang und wiegen etwa 25 Gramm.

Chinesischer Streifenhamster *(Cricetulus griseus):* Diese Art ist ähnlich gefärbt wie Campbell- und Dsungarischer Zwerghamster. Die Tiere sind jedoch länger und auch sonst größer als jene. Das beste Unterscheidungsmerkmal ist der lange Schwanz, der länger als der Hinterfuß ist.

WILDFORM DES GOLDHAMSTERS:
Wildfarbene Goldhamster sind relativ pflegeleicht und gewöhnen sich schnell an den Menschen. Wer Hamster halten möchte, sollte stets die Wild- den Zuchtformen vorziehen.

CAMPBELL-ZWERGHAMSTER:
Diese Art gewöhnt sich bei richtiger Behandlung leicht an den Menschen und ist keinesfalls so bissig, wie man ihr gelegentlich nachsagt. Leider gibt es Kreuzungen mit der Art rechts. Achten Sie möglichst darauf, solche Tiere nicht zu erwerben.

DSUNGARISCHER ZWERGHAMSTER:
Diese Hamsterart ähnelt dem Campbell-Zwerghamster (links). Von allen Zwerghamstern scheint sich diese Art besonders gut an den Menschen zu gewöhnen.

ROBOROWSKI-ZWERGHAMSTER:
Der kleinste Zwerghamster wird auch Wüstenhamster genannt. Die Tiere sind ebenso beweglich wie anspruchsvoll und daher für Kinder und Hamsterneulinge weniger geeignet.

CHINESISCHER STREIFENHAMSTER:
Dieser Hamster ist schlanker und hat einen längeren Schwanz als die anderen Arten. Er kann ausgezeichnet klettern und ist eher für den erfahrenen Hamsterfreund zu empfehlen.

FARB- UND FELLVARIANTEN IM PORTRÄT

Neben den vorgestellten Wildformen sind durch gezielte Auslese und Zucht mehrere Farb- und Fellvarianten von Hamstern in menschlicher Obhut entstanden. Vor allem die Goldhamster existieren mittlerweile in vielen Farbvarianten. Aufgrund der Vielfältigkeit der Farben und ihrer Anordnung hier ein Versuch ihrer Klassifikation:

VERSCHIEDENE GRUNDFARBEN

Farbveränderungen entstehen durch den Wechsel, die Verringerung oder das Fehlen der Farbpigmente. Die Grundfarben des Hamsters reichen von Gold, einem warmen goldbraunen Ton mit heller Unterseite, der der Farbe des Wild-Goldhamsters entspricht, bis zu Beige, einem hellen sandfarbenen Farbton. Es gibt auch schwarze Hamster mit einheitlich schwarzem Fell, das häufig weiße Abzeichen an Pfoten oder Bauch aufweist. Weiße Hamster haben meist ein vollständig weißes Fell, das manchmal mit roten (Albino) oder schwarzen Augen kombiniert ist. Grau variiert von hellgrau bis dunkelgrau und weist häufig Schattierungen auf, während Braun einen tiefen, warmen Farbton darstellt, der bisweilen von goldenen Nuancen durchzogen ist.

LUSTIGE MUSTER

Hamster können einfarbig oder gemustert sein. Ein Bandmuster zeigt sich in einem breiten weißen Band, das quer über den Körper verläuft, meist in der Mitte. Schecken haben weiße Flecken, die unregelmäßig über die Grundfarbe verteilt sind, während Dominant Spots größere und auffälligere weiße Flecken sind. Ein Tortie oder Schildpatt-Muster besteht aus einer Mischung von zwei Farben, oft mit zufälligen Flecken in Schwarz, Gold und Weiß. Agouti bezeichnet eine natürliche Fellfarbe, bei der jedes Haar gebändert ist. Hamster mit Satinfell haben eine glänzende, seidige Textur, die ihr Fell schimmern lässt.

SPEZIELLE VARIANTEN

Es gibt auch spezielle Farbvarianten wie den Albino, bei dem das Fell reines Weiß ist und die Augen rot erscheinen. Blond beschreibt einen sehr hellen, fast weißlichen Gelbton, während Cream (Creme) ein weiches, cremiges Beige ist, oft mit dunkleren Schattierungen. Die Chocolate (Schokolade)-Variante weist einen satten Braunton auf, und Zobel (Sable) ist ein dunkleres Fell mit helleren Untertönen. Unter dem Farbschlag Lilac versteht man einen zarten, grau-violetten Farbton, unter Champagne einen hellen, rosafarbenen Beigeton.

FELLLÄNGE UND -STRUKTUR

Das Fell spielt eine wichtige Rolle bei der Thermoregulation der Hamster, weshalb Varianten in der Länge und Struktur des Fells weniger vielfältig ausgeprägt sind. Hamster können kurzes Fell haben, das glatt und kurz ist, oder aber auch relativ langes Fell, wie bei den langhaarigen Goldhamstern, die auch Teddyhamster genannt werden. Sie weisen oft eine »Mähne« oder sehr flauschige Fellpartien auf. Es gibt auch Satinfell, das besonders glänzend und seidig aussieht.
Bei der Fellstruktur unterscheidet man verschiedene Varianten: Glatt ist die Standardvariante bei den meisten Hamstern, während rauhaarige Hamster seltener und oft etwas struppig wirken. Rex-Hamster zeichnen sich durch lockiges Fell und oft gekräuselte Schnurrhaare aus.

DREIFARBIGER SCHECKENHAMSTER:
Manche Halter sagen, dreifarbig gescheckte Hamster sind aggressiver als andere Formen und gewöhnen sich schwerer an Menschen. Andere Beobachter können jedoch keinen Zusammenhang zwischen Fellfarbe und Verhalten feststellen.

ZWEIFARBIGER SCHECKENHAMSTER:
Die zweifarbige Scheckenvariante gibt es in unterschiedlichen Färbungen. Dieser Hamster hat ein weißes Fell mit schwarzen Einsprengseln. Andere Züchtungen sind weiß-braun oder grau-schwarz.

GESCHECKTER DSUNGARE:
Auch bei den Zwerghamstern gibt es verschiedene ein- oder mehrfarbige Zuchtformen. Dieser Dsungarische Zwerghamster hat einen weißen Bauch und einen grau gescheckten Rücken.

RUSSENHAMSTER:
Hamster mit weißem Fell oder mit schwarzem Fellansatz und dunklen Ohren werden Russenhamster genannt – hergeleitet von Ruß (Rußhamster). Sie sind relativ verträglich und pflegeleicht.

LANGHAARHAMSTER:
Die sogenannten Teddyhamster gelten als besonders gutmütig und friedlich, doch ihr feines Fell verlangt eine aufmerksame Pflege. Eine spezielle Zuchtform sind die Angorahamster.

SCHWARZER GOLDHAMSTER:
Einfarbige Zuchtformen sollen sich nach den Erfahrungen einiger Hamsterfreunde im Verhalten kaum von ihren wildfarbenen Artgenossen unterscheiden. Genauere Untersuchungen sind nicht bekannt.

SATINHAMSTER:
Diese besondere Zuchtform mit ihrem seidig glänzenden Fell lässt sich nicht leicht vermehren. Im Bild ein gold-kupferfarbenes Exemplar.

SATINHAMSTER:
Die cremefarbene Zuchtform ähnelt in ihrem friedlichen Wesen dem Teddyhamster und gewöhnt sich relativ leicht an den Menschen. Sie eignet sich daher auch für Einsteiger.

Endlich zu Hause

Goldhamster oder Zwerghamster? Was ist beim Kauf und Transport nach Hause zu beachten? Welcher Käfig ist der richtige und wie sollte er gestaltet sein? Die Antworten finden Sie in diesem Kapitel.

WELCHER HAMSTER PASST ZU MIR?

Die verschiedenen Hamsterarten und -varianten unterscheiden sich nicht nur in der Größe sowie in ihrer Fellfarbe und -struktur. Sie haben auch ein unterschiedliches Wesen und Verhalten. Sicher finden Sie das passende Tier für sich.

KURZ- ODER LANGHAARIG?

Für jüngere Kinder eignet sich vielleicht die Wildform des Goldhamsters am besten. Es ist der größte als Heimtier gehaltene Hamster, und er lässt sich leicht zähmen. Auch die einfarbigen Zuchtformen, wie beispielsweise der schwarze oder der reinweiße Goldhamster, gelten als pflegeleicht. Gescheckte Tiere werden hingegen als etwas problematischer in der Haltung angesehen, da sie wohl schwerer zu zähmen sind. Langhaar-Goldhamster, die meist als »Teddyhamster« bezeichnet werden, haben auch eher ein sanftes Wesen, das lange Fell verfilzt aber leicht und braucht Pflege. Es kann nicht oft genug erwähnt werden, dass Goldhamster nur einzeln gehalten werden können.

DIE RICHTIGE WAHL

Bei den Zwerghamstern lassen sich der Campbell-Zwerghamster und der Dsungarische Zwerghamster am besten an den Menschen gewöhnen. Roborowski-Zwerghamster und Chinesischer Streifenhamster hingegen sollten Tiere zum Beobachten bleiben. Die empfohlene Einzelhaltung trifft im Prinzip auch für die Zwerghamster zu, obwohl diese Tiere oft auch paarweise oder in kleinen gleichgeschlechtlichen Gruppen gehalten werden. Das ist besonders dann möglich, wenn sich die Tiere von Anfang an kennen und zusammen aufgewachsen sind.

Wichtig: Erwachsene Hamster jeder Art, die sich nicht kennen, sollte man nie in einen Käfig setzen! Generell empfiehlt es sich bei einer Gruppenhaltung von Zwerghamstern, immer einen zweiten vorbereiteten Käfig parat zu haben. Selbst wenn die Tiere sich monatelang vertragen, können aus heiterem Himmel plötzlich Streitigkeiten auftreten, und dann müssen die Widersacher sofort getrennt werden.

Groß oder klein – wie soll er sein?

Lieber einen Goldhamster oder doch einen Zwerghamster? Jeder hat seine Vorzüge, aber vielleicht auch Nachteile. Hier die wichtigsten Kriterien, die bei der Entscheidung helfen.

GOLDHAMSTER

1. GUT FÜR KINDER

Für jüngere Kinder ist der Goldhamster ideal. Er gewöhnt sich schnell an Menschen und ist weniger pflegeintensiv als ein Zwerghamster.

2. FARBVARIANTE

Der bevorzugte Farbschlag sollte der wildfarbene Goldhamster sein – oder ein rein schwarzes oder rein weißes Tier. Gescheckte Goldhamster sollen etwas schwieriger in der Haltung sein.

3. ALTER

Ein Goldhamster wird in der Regel zwischen 2 und 3 Jahre alt.

4. TEDDYHAMSTER

Der langhaarige Teddyhamster hat ein besonders weiches, flauschiges Fell. Er muss daher regelmäßig gebürstet werden, um Verfilzungen zu vermeiden.

5. GESCHLECHT

Es gibt kaum Unterschiede im Verhalten zwischen den Geschlechtern. Die Männchen sind vielleicht etwas aktiver als die Weibchen.

6. NUR EINZELN

Ausgewachsene Goldhamster dulden keine Artgenossen in ihrer Nähe. Sie können also ausschließlich als Einzeltier gehalten werden.

ZWERGHAMSTER

1. BESSER EINZELN

Zwerghamster sind zwar etwas geselliger als Goldhamster, doch auch für sie lautet meine Empfehlung, sie lieber einzeln zu halten.

2. ALTER

Die Lebensdauer von Zwerghamstern liegt bei 1,5 bis maximal 3 Jahren. Sie ist abhängig von der Art und den Haltungsbedingungen.

3. NICHT SO ZAHM

Zwerghamster wollen in Ruhe gelassen werden. Auf Kontakt mit Menschen verzichten sie lieber.

4. ANSPRUCHSVOLL

Insbesondere Chinesische Streifenhamster bewegen sich noch mehr als die anderen Zwerghamsterarten. Ihr Käfig sollte entsprechend ausgestattet sein.

5. SEHR MUNTER

Erstaunlich flott unterwegs: Zwerghamster sind in der Regel viel munterer als Goldhamster und bieten jede Menge »Action« zum Beobachten.

Die Qual der Wahl

Informieren Sie sich vorab und wählen Sie den Hamster, der zu Ihnen und Ihrer Familie passt. Goldhamster sind größer und benötigen mehr Platz, während Zwerghamster kleiner und oft lebhafter sind, aber eine kürzere Lebensdauer haben. Die Wahl hängt von persönlichen Vorlieben und dem Platzangebot ab.

DEN KÄFIG VORBEREITEN

Damit sich Ihr neuer Liebling schnell eingewöhnt, bereiten Sie vor dem Kauf zu Hause alles vor. Die wichtigste Rolle kommt dabei dem Käfig zu.

DER RICHTIGE STANDORT

Überlegen Sie zuallererst, wo der Hamsterkäfig stehen soll. Rufen Sie sich dazu die Gewohnheiten Ihres zukünftigen Pfleglings ins Gedächtnis: Er liebt es, am Tage zu ruhen. Daher ist ein Platz mitten im Wohn- oder Kinderzimmer nicht besonders günstig. Ideal dagegen ist ein Raum, der tagsüber wenig genutzt wird. Ansonsten wählen Sie eine ruhige Ecke. Neben Dauerberieselung durch Fernseher oder Radio mögen Hamster kein helles Licht oder gar Sonneneinstrahlung. Deshalb scheidet ein Platz in Fensternähe ebenfalls aus. Bedenken Sie darüber hinaus, den Käfig in Augenhöhe aufzustellen, damit Sie Ihren Hamster besser beobachten können.

Manche mögen's kühl: Was die Raumtemperatur betrifft, ist der Hamster weniger anspruchsvoll. Im Winter kann der Käfig sogar in einem ungeheizten Zimmer stehen. Allerdings sollte die Temperatur nicht dauerhaft unter 15 °C sinken. Unangenehmer sind da schon zu hohe Temperaturen. Achten Sie also unbedingt darauf, dass es im Käfig nicht wärmer als 25 °C wird. In heißen Sommermonaten können Sie den Käfig mit aufgelegten feuchten Küchentüchern kühlen.

Schon gewusst?

Chronobiologie Dieser Begriff kommt von *chronos*, griechisch für »Uhr«. Sie untersucht die Biorhythmik der Lebewesen. So weiß man, dass Hamster, wie alle Tiere, einen angeborenen inneren Rhythmus haben, der auch unter Dauerdunkel oder Dauerlicht weiterlaufen würde. Sie wären unter diesen Bedingungen allerdings etwas weniger als 24 Stunden aktiv. Der Rhythmus wird von einem bestimmten Hirnteil gesteuert. Durch den Tag-Nacht-Wechsel in der Natur wird der Rhythmus auf 24 Stunden eingestellt. Allerdings verschiebt sich der Aktivitätsbeginn in der Natur, da im Jahreslauf die Sonne im Sommer später und im Winter eher untergeht.

DAS PERFEKTE ZUHAUSE

Bei der Wahl des Standplatzes müssen Sie natürlich auch berücksichtigen, wie groß der Käfig ist. Aber wie groß muss dieser überhaupt sein? Hier gibt es eine einfache Antwort: Je größer, umso besser. Für alle Hamsterarten sollte die Behausung mindestens einen Meter breit und 50 Zentimeter tief sein. Zwerghamster sind zwar etwas kleiner als Goldhamster, aber auch beweglicher und lauffreudiger. Bei der Höhe sollten Sie nicht knausern. Im Gegenteil: Ein Mangel an Grundfläche lässt sich durch verschiedene Etagen erheblich verbessern. Ohne die Zwischengeschosse beträgt die Mindesthöhe 50 Zentimeter. Falls Sie schon einen kleineren Käfig besitzen, ist es eine gute Idee, einen zweiten Käfig zu kaufen und beide mit einer kurzen Plastikröhre zu verbinden. Manchmal werden Hamster in ausgedienten Aquarien gehalten. Diese »Käfige« lassen sich nicht nur schlechter reinigen, auch die Luftzirkulation ist eingeschränkt. Die Seitenlänge eines Aquariums sollte auch mindestens einen Meter betragen.

Selbst gemacht. Versierte Bastler bauen sich selbst einen Hamsterkäfig. Am besten eignet sich dazu eine Holzkonstruktion, die vorn mit einer Acrylglasscheibe geschlossen wird. Für die Belüftung sorgen ein passender Käfigdeckel und eine zusätzliche Seitenbelüftung durch ein Gitterfenster. Werden die Mindestmaße berücksichtigt, sind der Fantasie bei der Ausstattung keine Grenzen gesetzt. Bitte achten Sie jedoch darauf, nur unbehandeltes Holz und lösungsmittelfreien Lack zu verwenden.

Die Gitterstäbe: Das beste Material ist verzinkter Stahldraht. Ist das Gitter farbig lackiert oder mit Plastik überzogen, wird der innen liegende Draht durch Nagen meist schnell freigelegt und beginnt dann zu rosten. Der Abstand der Gitterstäbe sollte bei der Goldhamsterhaltung nicht mehr als 12 Millimeter und bei Zwerghamstern optimalerweise 7 Millimeter betragen. Bitte bedenken Sie auch: Sind die Stäbe senkrecht angeordnet, kann sich der Hamster leichter einklemmen als zwischen waagerechten.

Der Käfigboden: Eine Plastikwanne, die für die Reinigung leicht entnommen werden kann (am besten nach vorn), bildet den Käfigboden. Die Wanne sollte mindestens 25 Zentimeter hoch sein, um zu verhindern, dass die Einstreu herausfällt. Denn als Bodentier versucht der Hamster zu graben und Höhlen in der Einstreu anzulegen. Wenn die Wanne zu flach ist, können Sie zusätzlich rund um den Käfig herum schmale Plastikstreifen anbringen.

SELBST GEBAUT So ein individuell angefertigtes Prachtstück aus Holz lässt sich ideal an die Bedürfnisse des Hamsters anpassen.

TOP Der Glasbehälter mit Gitterhaube bietet genügend Einstreu, Frischluft, verschiedene Ebenen und Beschäftigungszonen. Hier können Sie Ihren Hamster wunderbar beobachten.

KÄFIGVERBUND Zwei oder mehr Käfige können mit Röhren verbunden werden, um einen Bau zu simulieren.

EINSTREU

Die Käfigeinstreu muss saugfähig, staub- und schadstofffrei sein. Am besten eignen sich die guten alten Hobelspäne. Sie werden im Zoohandel als Kleintierstreu angeboten. Um einen natürlicheren Eindruck zu erhalten, können Sie diese mit Rindenmulch vermengen. Ein Mischen der Streu mit Heu oder Stroh macht sie »grabfähiger«. Nicht verwenden sollten Sie Sägespäne, Torfmull oder Katzenstreu, auch nicht Hamstereinstreu mit Duft. Die Einstreu sollte mindestens 20 Zentimeter hoch sein, in einem abgegrenzten Käfigbereich kann es gern mehr sein. Alle Hamster lieben zudem eine flache Schale mit feinem Chinchilla-Sand für die Fellpflege.

Hinweis: Im Fachhandel sind spezielle Eckeinsätze erhältlich, die Sie an der bevorzugten Urinecke im Käfig unter die Streu setzen können. Beim Saubermachen können Sie das Teil einfach herausheben und getrennt vom Käfig reinigen.

HAMSTERHÄUSCHEN

Das Häuschen im Käfig soll dem Hamster den unterirdischen Bau ersetzen und eine Rückzugsmöglichkeit schaffen. Nicht selten wird auch gehamstertes Futter darin gelagert. Das Haus sollte deshalb nicht zu klein sein. Andererseits muss es aber auch das Bedürfnis der Tiere nach Wandkontakt ermöglichen. Für Goldhamster ist eine Grundfläche von etwa 20 mal 10 Zentimeter ein Richtmaß. Für Zwerghamster kann es etwas kleiner sein. Der Bau sollte allseitig geschlossen sein und einen runden Eingang haben. Der Durchmesser dieser Öffnung sollte für Goldhamster nicht größer als 5, für Zwerghamster nicht größer als 4 Zentimeter sein. Das Dach ist am besten flach, damit es der Hamster auch zum Klettern benutzen kann. Idealerweise lässt es sich abnehmen. Dann muss nicht das ganze Haus herumgerückt werden, wenn Sie etwas kontrollieren wollen, und der Hamster muss es nicht jedes Mal neu einrichten. Zum Auspolstern des Häuschens geben Sie etwas Zellstoff (Taschentücher oder Toilettenpapier) in den Käfig. Verwenden Sie zu diesem Zweck auf keinen Fall sogenannte Hamsterwatte, da sich die Tiere damit schnell ihre Füße abschnüren können.

FUTTER UND WASSER

Obwohl die meisten Hamster ihrem Namen bald alle Ehre machen und das Futter in eine Ecke des Käfigs oder in ihr Häuschen eintragen, sollten Sie auf einen Futternapf nicht verzichten. In ihm lässt sich Frisch- oder Lebendfutter am besten anbieten. Der Napf sollte aus Porzellan oder Steingut sein, damit er stabil steht. 6 Zentimeter Durchmesser und ein nach innen gebogener 2 Zentimeter hoher Rand sind optimal. Für das Wasser sind Schalen dagegen nicht geeignet. Sie verunreinigen nicht nur leicht, so mancher Hamster ist auch schon darin ertrunken. An einer außen am Käfig angebrachten Wasserflasche mit automatischem Doppelkugelverschluss kann sich der Hamster jederzeit selbst bedienen.

GRUNDAUSSTATTUNG AUF EINEN BLICK

- → **Käfig:** ausreichend groß, mindestens aber 100 x 40 cm
- → **Plastikwanne:** 25 cm hoch
- → **Hobelspäne:** als Einstreu
- → **Hamsterhäuschen:** ca. 20 x 10 cm
- → **Futternapf:** standfest, mit nach innen gebogenem Rand und ca. 6 cm Durchmesser
- → **Wasserflasche:** außen am Käfig angebracht
- → **Sandbad:** für alle Hamster

LAUFRAD Obwohl es unter Hamsterhaltern umstritten ist, sprechen wissenschaftliche Untersuchungen für das Laufrad im Käfig. Allerdings nur, wenn die Lauffläche möglichst durchgehend und der Durchmesser groß ist, damit sich der Hamster nicht verletzt oder seine Wirbelsäule Schaden nimmt. Achten Sie auch darauf, dass das Laufrad auf einer Seite geschlossen ist und es sich leicht drehen lässt. Eventuell müssen Sie ab und zu mit etwas Speiseöl nachschmieren.

NIPPELFLASCHE Auch wenn Sie Ihrem Hamster regelmäßig Frischfutter geben, sollte eine Trinkflasche am Käfig nicht fehlen. An ihr kann sich das Tier nach Belieben bedienen. Trinkflaschen mit einem Doppelkugel-Verschluss verhindern, dass ungewollt Wasser ausläuft. Gerade bei diesen Modellen müssen Sie jedoch darauf achten, dass der Verschluss durch Kalkablagerungen aus dem Wasser nicht verstopft.

FUTTERSTELLE Mit einem Napf haben Sie die benötigte Futtermenge einigermaßen im Blick. Vergessen Sie aber nicht, dass die Tiere hamstern. Behalten Sie daher immer den ganzen Käfig im Auge.

AUGEN AUF BEIM HAMSTERKAUF

Das Hamsterheim ist vorbereitet. Wo aber kauft man das Tier? Der erste Weg führt natürlich zur Zoofachhandlung. Dort erhalten Sie fachliche Beratung und man wird Ihnen in der Regel auch Auskunft über Herkunft, Alter und Geschlecht der Tiere geben können. Wie Sie ja wissen, sind Hamster dämmerungs- bzw. nachtaktiv. Es ist also sinnvoll, den Kauf auf etwa eine Stunde vor Ladenschluss zu planen. Die meisten Zoofachgeschäfte wissen auch um die Ruhezeit der Hamster und verkaufen die Tiere erst ab 17 Uhr. Nehmen Sie sich dazu ruhig mindestens eine Viertelstunde Zeit. Schauen Sie sich in Ruhe alle Hamsterterrarien an. Sprechen Sie das Fachpersonal an und lassen Sie sich beraten. Fragen Sie nach dem Alter der Tiere – sie sollten etwa vier bis sechs Wochen alt sein. Vergleichen Sie sie dazu auch mit ausgewachsenen Tieren. Achten Sie auf normale Bewegungen und ein gesundes Aussehen der jungen Hamster.

Eine weitere Variante wäre, das Tier direkt bei einem professionellen Hamsterzüchter zu kaufen. Dort bekommt man ebenfalls fachkundige Beratung und Tiere, deren Herkunft nachvollziehbar ist. Außerdem kann auf diese Weise vermieden werden, dass Hybriden zwischen Dsungarischem

Lassen Sie sich vom Anblick solch kleiner Rabauken nicht täuschen: Junge Hamster spielen zwar noch miteinander. Doch wenn sie älter werden, dulden sie keine Artgenossen mehr in ihrer Nähe.

und Campbell-Zwerghamster verbreitet werden. Das Problem könnte allerdings sein, dass viele Züchter nicht an private Liebhaber verkaufen. Ähnlich gut ist es, wenn Sie jemanden kennen, der bereits Hamster hält und – gewollt oder ungewollt – Jungtiere bekommen hat. Auch hier erfahren Sie, wann Ihr Zögling geboren ist, wie groß der Wurf war und welche Verhaltensbesonderheiten die Mutter vielleicht hatte. Der Nachteil ist, dass die Auswahl begrenzt ist und Sie sich mit der gegebenen Zuchtform abfinden müssen.
Wenn Sie sich entschließen können, einen meist älteren Hamster aus dem Tierheim zu übernehmen, bedeutet das sicher, dem Tier für den Rest seines Lebens wieder die Zuwendung zukommen zu lassen, die es verdient. Meist sind es ältere Tiere, an denen ihre Halter – vielleicht Kinder – die Lust verloren haben. Ein Vorteil ist, dass diese Hamster meist zahm sind und man so leicht erste Erfahrungen in der Hamsterhaltung sammeln kann. Besonders für Kinder ist es von Vorteil, wenn das Tier schon viel Kontakt mit menschlichen Händen hatte.

ART UND GESCHLECHT

Sicher ist Ihre Entscheidung für einen Gold- oder Zwerghamster bereits gefallen. Welche Art Sie wählen, ist Geschmackssache. Ich empfehle aber stets, die Wildformen zu bevorzugen. Sie sehen nicht nur unverfälscht aus, sondern zeigen auch noch weitgehend das natürliche Verhalten.
Das Geschlecht des Tiers (Sie wollen ja nur einen Hamster kaufen und halten) ist eher nebensächlich. Es gibt kaum Unterschiede im Verhalten. Allerdings können Hamsterweibchen für empfindliche Nasen mitunter etwas streng riechen. Sie sind schließlich alle vier Tage paarungsbereit und sondern dann eine kleine Menge weißlichen Schleims aus der Geschlechtsöffnung ab, der diesen Geruch hervorruft. In der Regel können ihn jedoch nur andere Hamster riechen.

Schon gewusst?

BAG-Kleinsäuger Deutschsprachige Freunde und Halter von Kleinsäugern haben sich zu einer Interessengemeinschaft zusammengeschlossen. Auf ihrer Website (www.bag-kleinsaeuger.de/) stellt sie sich vor. Es gibt eine spezielle Fachgruppe Hamster, die Informationen über die Arten bereitstellt und sich über Kontakt mit engagierten Hamsterhaltenden freut. Nach Auflösung unserer Hamsterzucht an der Universität Halle hat sich diese Fachgruppe bereit erklärt, die Weiterzucht der aus Syrien und der Südtürkei mitgebrachten Wildgoldhamster sowie der in Russland und Kasachstan gefangenen Tiere zu übernehmen. So bleiben deren Gene erhalten.

DER WEG NACH HAUSE

Um Ihren neuen Mitbewohner sicher nach Hause zu bringen, kaufen Sie sich am besten eine Transportbox für Kleintiere. Dies bedeutet zwar eine zusätzliche Investition, dafür ist aber die Box für das Tier und die Pflegeperson angenehm und praktisch. Lassen Sie sich vom Personal etwas Streu aus dem Verkaufskäfig in die Box füllen und das neu erworbene Tier vorsichtig hineinsetzen. Ein halber Apfel als Reiseproviant liefert Futter und Feuchtigkeit – selbst für eine mehrstündige Autofahrt. Apropos Auto: Transportieren Sie Ihren Hamster nie im Kofferraum. Die Box rutscht dort unkontrolliert hin und her und die Temperatur ist – zumal im Sommer – oft hoch.

Hamsterkauf leicht gemacht

Bereits vor dem Kauf sollten Sie überlegen, welche Hamsterart und Zuchtform am besten zu Ihnen passt. Eine gute Vorbereitung ist entscheidend, damit Ihr neues Heimtier und Ihre Familie glücklich werden.

FACHHANDEL

Einen Hamster kaufen Sie am besten im Zoofachhandel. Lassen Sie sich umfassend beraten und stellen Sie sicher, dass Sie die Bedürfnisse des Tieres verstehen. Überprüfen Sie, ob das Geschäft und das Verkaufspersonal einen vertrauensvollen und verantwortungsbewussten Eindruck machen.

TIERHEIM ODER ZÜCHTER

Beziehen Sie den Hamster vom örtlichen Tierheim oder von Tierschutzorganisationen, geben Sie Tieren in Not ein neues Zuhause. Doch meist sind diese Tiere bereits etwas älter und haben eine geringere Lebenserwartung. Den Hamster vom Züchter zu erwerben, wäre optimal. Sie werden gut beraten und erfahren alles über die Lebensgeschichte des erwählten Tieres.

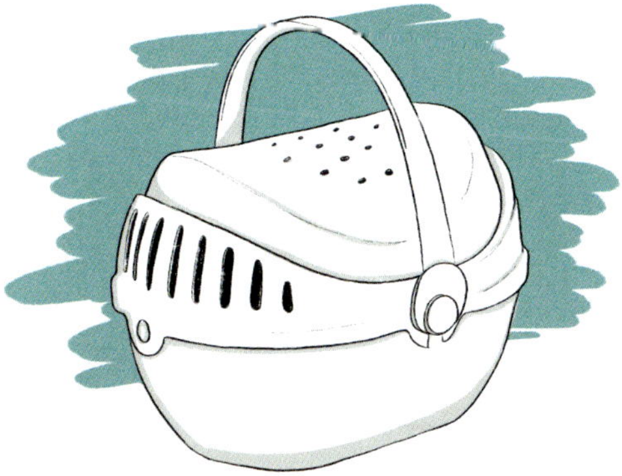

ALTER UND GESCHLECHT

Da Hamster nicht so alt werden, sollte Ihr neuer Liebling möglichst jung sein. Jüngere Tiere gewöhnen sich auch schneller in die neue Umgebung ein. Die Jungen werden von ihrer Mutter ab vier Wochen entwöhnt und können dann für sich allein leben. Was das Geschlecht betrifft, so gibt es kaum Unterschiede im Verhalten. Männliche Hamster, besonders Goldhamster, sind vielleicht etwas aktiver als die Weibchen.

AKTIVITÄT

Sobald Sie ein Tier in der engeren Auswahl haben, beobachten Sie es mehrere Minuten lang. Bewegt es sich ganz normal? Berühren bei jedem Schritt drei Gliedmaßen den Boden? Werden die Pfoten gleichmäßig belastet? Dreimal »Ja« ist ein gutes Zeichen.

GESUNDHEIT

Sind After, Schnauze und Nase des Hamsters sauber? Das kann man aus der Nähe am besten beurteilen. Bitten Sie das Fachpersonal, das Tier herauszuholen, und nehmen Sie es selbst in die Hand. Ist das Fell des Hamsters sauber und glatt? Ein struppiges oder ungepflegtes Fell kann auf Parasiten hindeuten. Das Tier sollte gleichmäßig und geräuschlos atmen, die Augen sollten klar und unverklebt sein.

ABNORMITÄTEN

Sind Missbildungen zu erkennen? Achten Sie auf Veränderungen der Nagezähne wie Verdrehungen oder Verformungen. Solche Anomalien können auf gesundheitliche Probleme des Hamsters hinweisen.

Fazit

Ihr neues Familienmitglied sollten Sie nur aus seriösen Quellen beziehen und in Ruhe auswählen. Wenn Sie die hier aufgeführten Aspekte berücksichtigen, dann stehen die Chancen sehr gut, ein quicklebendiges, gesundes Tier zu erwerben, an dem Sie viel Freude haben werden.

DIE SANFTE EINGEWÖHNUNG

Wenn Sie zu Hause angekommen sind, setzen Sie den neuen Mitbewohner sofort in den vorbereiteten Käfig. Geben Sie dabei die gesamte Einstreu aus der Transportbox dazu. Fressnapf und Trinkflasche sind gefüllt – und nun sollten Sie das Tier eine Weile sich selbst überlassen. Das Wichtigste, was es jetzt braucht, ist Ruhe, am besten eine ganze Woche lang. Natürlich wollen und sollen Sie den neuen Pflegling beobachten. Bleiben Sie dabei aber auf Distanz und erschrecken Sie ihn nicht durch unbedachte Bewegungen. Auch am Käfig sollte in dieser Zeit nichts verändert werden. Füllen Sie bei Bedarf Futter und Wasser nach. Auf keinen Fall dürfen Sie jetzt das Häuschen anheben oder gar ausräumen.

Es ist äußerst interessant zu sehen, wie der Hamster nach und nach beginnt, sein neues Heim zu erkunden. Haben Sie ein Goldhamstermännchen erworben, können Sie es unter Umständen sogar beim Markieren beobachten. Dazu reibt es seine Flankendrüsen an alle hervorragenden Gegenstände. Zwerghamster besitzen keine Flankendrüsen. Sie benutzen Drüsen in der Bauchregion, um ihr Revier zu markieren – was leider nicht so gut zu sehen ist.

So ein Leckerbissen auf der Hand ist nicht zu verachten. Und da hier offenbar auch keine Gefahr droht, kann man doch ruhig mal daraufklettern.

Hat der Hamster sich erst einmal an die Hand gewöhnt, bilden Sie mit der anderen eine schützende »Höhle« um das Tier, damit es nicht herunterfällt.

AN MENSCHEN GEWÖHNEN

Geht es um die Eingewöhnung des Hamsters, liest man immer wieder von seiner Zähmung. Ich halte diesen Ausdruck jedoch nicht für besonders glücklich. Schließlich soll nicht der Wille des Tiers gebrochen oder sein Verhalten verändert werden. Der Hamster soll lediglich lernen, die Pflegeperson in seiner Umgebung zu akzeptieren, und erkennen, dass von ihr keine Gefahr ausgeht. Wie das am besten gelingt? Das Wichtigste ist, dass Sie den Hamster langsam und mit ruhigen Bewegungen an Ihre Hand gewöhnen:

- → Meiden Sie parfümierte Seifen und reiben Sie die Hand mit etwas Einstreu ein. Der Geruch ist der empfindlichste Sinn dieses Tiers.
- → Reichen Sie dann dem Hamster kleine Leckereien durch die Gitterstäbe. Kommt Ihr neues Familienmitglied ohne zu zögern aus seinem Häuschen heraus und nimmt das Futter von Ihnen an, können Sie einen Schritt weitergehen.
- → Öffnen Sie den Käfig und bieten Sie das Futter erst darin an. Legen Sie es dann auf

Ihre Hand und warten Sie ab, ob der Hamster daraufklettert und sich den Bissen holt.

→ Hat er dies ein paarmal getan, können Sie versuchen, ihn leicht mit den Fingern zu berühren. Sie können auch die andere Hand etwas höher heben, sodass der Hamster animiert wird, von einer Hand auf die andere zu klettern.

→ Hat sich der Hamster an Ihre Hände gewöhnt, können Sie versuchen, ihn aus dem Käfig zu locken. Auch dabei hilft wieder die Leckerbissen-Methode. Bieten Sie ihm bei geöffneter Käfigtür außerhalb des Käfigs Futter an und locken Sie ihn so nach draußen. Wiederum gewöhnen Sie ihn nun mit ruhigen Bewegungen an Ihre Hände. Vielleicht haben Sie schon einen Freilauf-Parcours vorbereitet (→ Seite 84f.) und nutzen die Hände als Hindernisse, über die das Tier klettern kann.

→ **Hinweis:** Wichtig ist, den Hamster nicht zu zwingen, sondern alles mit Ruhe und vor allem Ausdauer geschehen zu lassen.

RICHTIG HOCHHEBEN

Wie bereits erwähnt, sind Hamster in erster Linie Tiere zum Beobachten. Daher plädiere ich eigentlich dafür, den Handkontakt zu vermeiden. Zum Umsetzen des Tieres eignet sich am besten ein Behältnis wie eine Tasse oder ein Becher, in das der Hamster hineinlaufen kann. Wenn Sie ihn trotzdem unbedingt in die Hand nehmen möchten oder müssen, können Sie das an Sie gewöhnte Tier auf folgende Weise hochheben: Umgreifen Sie den Hamster dabei langsam und vorsichtig von hinten oben, indem Sie beide Hände wie eine schützende Höhle um ihn legen. Dann führen Sie die Hände unter dem Hamster zusammen, um ihn hochzuheben. Passen Sie dabei aber immer auf, dass er nicht von Ihren Händen springt und womöglich hinabfällt und sich dabei verletzt.

Ist der Käfig klein oder müssen Sie das Tier aus einer engen Nische holen, können Sie es auch nur mit einer Hand von hinten umgreifen. Führen Sie dazu Daumen und Zeigefinger hinter den Vorderbeinen zusammen und schieben Sie die andere Hand unter das Tier.

Der erste Schritt der Annäherung: Nehmen Sie Blickkontakt auf, sprechen Sie ruhig mit dem Hamster und vermeiden Sie hastige Bewegungen.

Als Nächstes reichen Sie dem Tier ein Leckerchen durch das Käfiggitter. Lassen Sie den Hamster dabei ausgiebig am Finger oder an der Hand schnuppern.

Reagiert der Hamster nicht mehr schreckhaft, öffnen Sie die Käfigtür. Nach ausgiebigem Schnuppern lassen Sie ihn dann auf Ihre Hand klettern.

So fühlt sich Ihr Hamster wohl

Haben Sie alle Hinweise bisher beachtet, steht einer Freundschaft zwischen dem kleinen Tier und seinen großen Pflegepersonen nichts mehr im Wege. Die wichtigsten Grundsätze sind im Folgenden nochmals zusammengefasst.

TUT GUT

Entscheiden Sie rechtzeitig vor dem Kauf und in Absprache mit der Familie, welche Hamsterart und Zuchtform es sein soll.

Richten Sie das Hamsterheim schon im Vorfeld komplett ein: mit Einstreu, Hamsterhäuschen, Beschäftigungsmaterial, Futternapf und Wasserflasche. Idealerweise haben Sie auch schon einen abwechslungsreichen Freilauf-Parcours eingerichtet.

Gehen Sie in den Zoohandel, zum Züchter oder in ein örtliches Tierheim und wählen Sie Ihren Favoriten in Ruhe aus. Nehmen Sie sich ausreichend Zeit dafür und vergleichen Sie mehrere Tiere miteinander.

Transportieren Sie den Hamster möglichst schnell und erschütterungsfrei nach Hause. Am besten verwenden Sie dafür eine spezielle Transportbox für Kleintiere. Darin kann der Hamster sicher und geschützt nach Hause gebracht werden.

Lassen Sie den neuen Mitbewohner in der ersten Woche völlig in Ruhe, damit er sich eingewöhnen kann. Natürlich dürfen Sie und Ihre Familie ihn ausgiebig beobachten.

Gewöhnen Sie den Hamster allmählich an Ihre Hand. Am besten gelingt dies durch die »Bestechung« mit Leckerchen.

Heben Sie den Hamster erst hoch, wenn er an Ihre Hände gewöhnt ist.

BESSER NICHT

Kaufen Sie nie einen Hamster – und auch kein anderes Tier – als Überraschungsgeschenk. Zu groß ist die Gefahr, dass dieses Tier nicht die erforderliche Aufmerksamkeit und Pflege bekommt. Womöglich landet es sogar bald darauf im Tierheim.

Hamster sind keine Kuscheltiere und deshalb für kleinere Kinder ungeeignet.

Hamster sind absolute Einzelgänger – halten Sie deshalb nie mehrere Tiere in einem Käfig. Es käme zu Beißereien und Kämpfen, die unter Umständen sogar bis zum Tod eines der Tiere führen könnten.

Vermeiden Sie zu viel Unruhe, grelle Beleuchtung oder den Besuch von Haustieren wie Hund oder Katze im Zimmer des Hamsterkäfigs. Das Hamsterheim sollte in einem ruhigen, möglichst wenig genutzten Raum mit Zimmertemperatur stehen.

Hamster wollen tagsüber ruhen. Stören Sie sie deshalb nicht im Schlaf und verlegen Sie die Gewöhnungsversuche in die Abendstunden.

Verzichten Sie in den ersten drei Wochen darauf, den Käfig auszuräumen oder die Einrichtung zu verändern. Erst wenn die Eingewöhnungsphase abgeschlossen ist, können Sie derartige Maßnahmen vornehmen.

HAMSTER UND ANDERE HAUSTIERE

Haben Sie bereits ein Haustier, wollen aber unbedingt noch einen Hamster? Das Erste, was mir dazu einfällt: Das ist eine problematische Idee. Natürlich spielt es eine Rolle, welche Tiere bereits bei Ihnen leben. Bewegen sie sich frei im Haus oder werden sie in einem Käfig gehalten? Klar, Aquarienfische und Goldhamster werden sich prima vertragen, da sie sich kaum über den Weg laufen. Auch bei Wellensittichen, Zebrafinken oder anderen Kleinvögeln ist die Anschaffung eines Hamsters unproblematisch.

Die Regel, dass Hamster Singles sind und dies bleiben wollen, gilt auch in Bezug auf andere Kleinsäuger. Setzen Sie also nie einen Hamster zu einem anderen Kleinsäuger – ob Kaninchen, Meerschweinchen oder Ratte. Die Zwangsvereinigung würde für einen der beiden früher oder später böse enden. Natürlich können Sie die Tiere in getrennten Käfigen in einem Zimmer halten. Achten Sie dann aber darauf, dass sie beim Freilauf keinen Kontakt zueinander haben. Gleiches gilt für die gemeinsame Haltung von Amphibien oder Reptilien und Hamstern: Im gleichen Zimmer ja, aber wehe, wenn sie sich begegnen.

KATZEN UND HUNDE

Schwieriger ist das Zusammenleben von Hund oder Katze und Hamster. Katzen sehen Hamster in ihrem angeborenen Verhaltensprogramm als Beutetier. Das kleine Tier stellt daher stets einen unwiderstehlichen Reiz dar. Auch wenn Sie meinen, Ihre Katze sei noch so lieb: Halten Sie sie vom Hamsterkäfig fern und am besten auch von dem Zimmer, in dem dieser steht. Denn selbst wenn die Tiere keinen direkten Kontakt haben, bedeutet die Wahrnehmung einer Katze für den Nager immer Stress. Mit Einschränkungen gilt dasselbe für Hunde, obgleich diese nicht so stark auf Hamster reagieren. Sind Sie dabei, können Sie versuchen, den Hund in den Raum zu lassen, in dem der Käfig steht.

Die bloße Anwesenheit einer Katze bedeutet für den Hamster unglaublichen Stress, selbst wenn er im Käfig sicher ist. Deshalb sollte das Hamsterzimmer für den Stubentiger generell tabu sein.

ENTDECKUNGSTOUR
Zwei Dsungarische Zwerghamster erkunden das Käfigzubehör aus Holz. Wachsen die Tiere gemeinsam auf, können sie eine Zeit lang zusammen gehalten werden.

DER HAMSTER IST AUSGEBROCHEN – WAS TUN?

Hamster brechen schon mal aus dem Käfig aus, wenn sie die Möglichkeit dazu haben. Auch bei ungesichertem Freilauf können die Tiere entwischen. Sie sind eben neugierig – und diesen Trieb können Sie Ihrem Hamster weder abgewöhnen noch verbieten. Es ist daher sinnlos, ihn fürs Ausbrechen zu bestrafen. Freuen Sie sich lieber über Ihr bewegliches und cleveres Heimtier.

Das Wichtigste, wenn der Hamster entkommen ist: Bewahren Sie Ruhe und jagen Sie ihn nicht aufgeschreckt durch die ganze Wohnung. Sind Sie sich sicher, dass sich das Tier noch im selben Zimmer befindet, schließen Sie sofort die Tür. Stellen Sie sicher, dass sich keine für den Hamster erreichbaren Kabel und/oder giftige Pflanzen im Raum befinden. Wenn Sie nicht wissen, wo

Das ist aber schön warm hier. Und verstecken kann man sich auch prima: Beim Freilauf erkundet Ihr Hamster neugierig seine Umgebung.

er steckt, versuchen Sie, so leise wie möglich zu sein, um ihn besser hören zu können. Da die Tiere nachtaktiv sind, sollten Sie dieses »Verhör« am besten in die Abend- oder Nachtstunden legen. Beliebte Verstecke sind natürlich enge Spalten oder kleine Räume hinter oder unter Möbeln. Gern suchen die Tiere auch Verstecke auf, in denen es schön warm ist. So habe ich einen ausgebrochenen Goldhamster mal hinter dem Kühlschrank entdeckt, dessen Wärmeaustauschgitter sich ja bekanntlich erwärmt.

Haben Sie das Versteck schließlich entdeckt, schränken Sie zunächst den Bewegungsspielraum des Hamsters ein, zum Beispiel indem Sie eine Barriere aus Brettern oder Bücherstapeln errichten. Dann stellen Sie ein Plastikgefäß oder eine Schachtel neben das Tier. Beim Goldhamster eignet sich sehr gut eine Papprröhre, wie sie zum Versand von Postern verwendet wird. Für Zwerghamster haben sich die kleinen Pappröhrchen bewährt, die sich im Inneren von Toilettenpapierrollen befinden. Sie werden gern von den »Zwergen« aufgesucht und eignen sich nebenbei auch bestens zur Anreicherung ihres Käfigs. Wenn Sie sich dem Hamster nun von der anderen Seite langsam mit der Hand nähern, ist die Wahrscheinlichkeit groß, dass er in die »Höhle« flüchtet. Jetzt müssen Sie die Röhre oder das Gefäß nur noch hochheben und den Kleinen darin zu seinem Käfig zurücktragen. Achten Sie aber bitte darauf, dass er nicht herausfällt.

AUF SPURENSUCHE

Können Sie Ihren Hamster trotz intensivster Suche nicht entdecken, empfiehlt es sich, ihn mit seinem Lieblingsfutter aus dem Versteck zu locken. Legen Sie ein Stück Apfel, eine Erdnuss, ein paar Rosinen oder ausnahmsweise auch etwas Süßes in den Käfig und stellen Sie diesen auf den Boden. Ist der Käfig zu groß, können Sie auch die Transportbox oder eine Schachtel verwenden. Geben Sie außer dem Futter noch etwas Streu aus dem Käfig hinein und legen Sie sich auf die Lauer. Eine andere Möglichkeit ist es, eine Futterstelle mit Leckereien einfach so im Zimmer anzulegen. Um das Futter herum oder an anderen Stellen im Zimmer streuen Sie zusätzlich etwas Mehl aus. So verraten die Spuren des Hamsters im Mehl, dass er am Futter war bzw. sich noch in diesem Zimmer aufhält.

Schon gewusst?

Hamster in freier Natur Wenn der Hamster aus seinem Käfig ausbricht, folgt er nur seinem angeborenen Verhalten. Er möchte sich ja unter anderem neue Nahrungsquellen erschließen. Abends und nachts sind vor allem aber auch die Männchen unterwegs – auf der Suche nach den Bauen der Weibchen, um sich zu verpaaren. Die Weibchen sind im Frühling und Sommer alle vier Tage paarungsbereit. Es ist also für ein Männchen nicht so einfach, ein paarungsbereites Weibchen zu finden. Während unserer Feldforschungen in freier Natur interessierten wir uns auch für die Reichweite der Goldhamstermännchen. Wir versahen dazu alle Hamsterbaue mit unserer speziellen Ring-Technik (vgl. »Schon gewusst?« auf Seite 9) und staunten nicht schlecht: Dank dieser Technik konnten wir die Männchen bis zu 150 Meter entfernt von ihren Heimbauen nachweisen – so weit laufen sie anscheinend auf Freierspfoten!

MIT EINER FALLE FANGEN

Falls Sie Ihren Liebling nicht einfangen können, hilft eventuell eine sogenannte Lebendfalle aus dem Zoofachhandel. Sie wird ebenfalls mit einem begehrten Lockmittel bestückt. Am besten bereiten Sie diese Falle in den Abendstunden vor, dann können Sie sie unbeaufsichtigt lassen. Ist der Hamster hungrig und versucht, sich das Futter zu holen, schließt sich das Türchen über einen Klappmechanismus hinter ihm. Sie können ihn dann am nächsten Morgen samt Falle hochheben und in seinem Heimkäfig herauslassen.

Hamsterfalle Marke Eigenbau: Eine zweite, nicht minder wirkungsvolle Variante ist folgende: Füllen Sie etwas Käfigstreu in einen kleinen Eimer und legen Sie ein bisschen vom Lieblingsfutter Ihres Hamsters dazu. Nun müssen Sie nur noch ein Brettchen an den Eimer lehnen oder einen Stapel Bücher danebenlegen. Dann heißt es warten. Am besten verlassen Sie dazu den Raum. In den seltensten Fällen kann ein Hamster so einem Angebot widerstehen. Er klettert zum Eimerrand und fällt im günstigsten Fall hinein. Es kann aber sein, dass Ihr Gefährte besonders clever ist und seinem angeborenen sogenannten Klippenmeideverhalten folgt. Dann ist es besser, Sie legen ein Tuch über die Eimeröffnung und platzieren darauf einen extrafeinen Leckerbissen. Will der Hamster sich diesen holen, plumpst er mitsamt dem Tuch hinab.

WO STECKT ER NUR?

Die Leckerbissen-Methode hilft auch, wenn Sie zunächst überhaupt keine Ahnung haben, in welchem Zimmer sich der Hamster versteckt. Legen Sie in jeden Raum fünf leckere Häppchen aus und streuen Sie etwas Mehl aus (siehe vorige Seite). Schließen Sie dann gleich die Türen. Am nächsten Morgen sehen Sie, wo etwas fehlt. Nun können Sie gezielte Maßnahmen ergreifen. Sie brauchen übrigens keine Bedenken zu haben, falls der Hamster über Nacht das Futter nicht findet. Er kann durchaus ein bis zwei Tage hungern. Sie sollten aber eine flache Schale (damit er nicht ertrinken kann) mit Wasser (auch mit Mehlmethode) im infrage kommenden Raum oder in allen Räumen aufstellen, damit er trinken kann.

Früher oder später sollte das Tier dann zu finden sein. Wichtig ist, dass Sie die Fang- und Suchmethoden auch über Nacht anwenden! Es gab schon den Fall, dass es sich ein Hamster im Sofapolster gemütlich gemacht hat. Dann ist es natürlich schwierig, ihn tagsüber aufzustöbern, denn er schlummert ja selig in seinem Versteck.

So funktioniert die Hamsterfalle: Will der Ausreißer den Apfel schnappen, gibt das Tuch nach, und der Ausflug endet im Eimer.

AUF FREIGANG
»Wo ist nur mein kuschliges Schlafhäuschen?« Mit allen Sinnen erkundet der Hamster seine Umgebung. Beaufsichtigen Sie ihn besser, wenn er Freigang in der Wohnung hat.

Rundum gepflegt

Neben der Unterbringung sorgen auch die regelmäßige Pflege und eine gute Ernährung für das Wohlergehen des Hamsters. Und wer den kleinen Nager täglich beobachtet, merkt schnell, ob etwas nicht stimmt.

VON WILDTIEREN UND HEIMTIEREN

Das Wissen über das Hamsterleben in freier Natur hat in den letzten Jahren immer mehr zugenommen. Und davon profitieren auch die Heimtierhalter. Denn je mehr wir Wissenschaftler über die Lebensweise der kleinen Kerle herausfinden, desto besser können sie den Ansprüchen der Tiere gerecht werden.

HAMSTERN MACHT SPASS

Goldhamster, die bisher von allen Arten am besten erforscht sind, halten ihren Bau peinlich sauber. Sie legen sogar eine Extrakammer an, in der sie Kot und Urin abgeben. Eine weitere Kammer ist allein für den Futtervorrat vorgesehen – und diese sollte natürlich immer möglichst gut gefüllt sein.

Hamstern ist lebensnotwendig: Wenn sich der Winter dem Ende zuneigt, beginnt eine intensive Zeit für die kleinen Nager. Bis zum Juni müssen die Tiere sich selbst satt fressen, ihre Jungen auf die Welt bringen und Vorräte anlegen. Denn nur wer ausreichend Futter gesammelt hat, kann den trockenen Sommer und den nächsten Winter überleben. So wurde das »Hamstern« mit der Zeit eine wichtige angeborene Verhaltensweise.

Sichere Beute: Heute legen die kleinen Säuger ihre Baue bevorzugt in den Feldern des Menschen an. So können sie den Gefahren, die normalerweise bei der Futtersuche auf sie lauern, weitgehend entkommen: Dazu zählen beispielsweise streunende Hunde, Füchse, Schlangen, Greifvögel und Eulen. Bisweilen lassen sich sogar Störche beobachten, die geduldig vor einem Hamsterbau warten, um im richtigen Augenblick – wenn sich der Nager herauswagt – zuzuschnappen.

SICHER BEI UNS ZU HAUSE

All dies brauchen unsere Heimtiere nicht zu fürchten, und dennoch können sie das Hamstern nicht lassen. Als Halter sollten Sie diese Eigenart ebenso berücksichtigen wie die anderen Vorlieben Ihres neuen Mitbewohners im Hinblick auf Pflege und Ernährung.

DAS SCHMECKT DEM HAMSTER

In freier Wildbahn sucht der Hamster selbst nach Nahrung. Er liebt die Abwechslung und greift daher bei der Futtersuche auf eine ganze Reihe verschiedener Pflanzen zurück. Obwohl ein Nagetier, ist er kein ausgesprochener Vegetarier, sondern ernährt sich zu einem geringen Prozentsatz auch von tierischer Kost. Bei Heimtieren müssen Sie die Aufgabe übernehmen, das Futter Ihres Lieblings artgerecht zusammenzustellen. Die Nahrung eines Hamsters setzt sich aus drei Bestandteilen zusammen:

→ pflanzliches Trockenfutter, das etwa 50 Prozent des Futters ausmacht,
→ Frischfutter (rund 40 Prozent) und
→ tierisches Eiweiß (10 Prozent).

Wenn Sie diese ideale Zusammensetzung bei der Futterwahl berücksichtigen, wird Ihr kleiner Freund lange gesund und vital bleiben. Oberstes Prinzip sollte allerdings eine zuckerarme bis -freie Ernährung sein.

PFLANZLICHES TROCKENFUTTER

Futtermischungen für Kleintiere stellen den Hauptteil der Nahrung dar. Sie erhalten dieses Futter in der Zoohandlung, im Supermarkt oder in der Drogerie. Es besteht aus verschiedenen Getreidearten, Haferflocken, Sonnenblumenkernen, getrocknetem Gemüse, getrockneter tierischer Nahrung sowie speziellen Futterflocken.

Darauf sollten Sie achten: Auch wenn keine der angebotenen Futtermischungen von vornherein schädlich ist, so eignet sich doch nicht jedes Futter gleich gut für Hamster. Ein Blick auf die Verpackung hilft Ihnen weiter, denn dort ist die Zusammensetzung des Futters angegeben. Vergleichen Sie ruhig einmal verschiedene Sorten und entscheiden Sie sich dann für eine Sorte, bei der sowohl der Zucker- als auch der Fettgehalt möglichst gering ist. So sollte der sogenannte Rohfettgehalt nicht über 5 Prozent liegen. Außerdem sollte das Futter 15 bis 20 Prozent Eiweiß enthalten.

Wie viel Futter soll ich geben? Bemessen Sie die Futtermenge so, dass Ihr Hamster nach Bedarf fressen kann. Ein guter Richtwert sind ein bis zwei Teelöffel Futtermischung pro Tag. Wundern Sie sich nicht, wenn der Futternapf nach kurzer Zeit schon wieder leer ist. Dann werfen Sie am besten ml einen Blick ins Häuschen oder in eine andere Ecke des Käfigs und Sie wissen Bescheid. Denn sicher hat Ihr Liebling schon einen kleinen Vorrat angelegt.

Hinweis: Kaufen Sie nicht zu viel Trockenfutter auf Vorrat. Das Gemisch enthält oft Motteneier. Wenn die Larven schlüpfen, bevölkern sie im Nu die Küche und flattern umher.

Selbst getrocknet: Um den Rohfaseranteil seiner Nahrung zu erhöhen, sollten Sie Ihrem Hamster neben der fertig gekauften Trockenfuttermischung immer auch getrocknete Pflanzen anbieten. An erster Stelle bietet sich dafür Heu an (→ Bild rechts). Achten Sie darauf, dass sich immer etwas davon im Käfig befindet – ein Teil davon wird übrigens auch gern zum Nestbau zweckentfremdet. Kaufen Sie möglichst Heu mit hohem Wiesenkräuteranteil. Sie können natürlich auch selbst Kräuter sammeln und an einem schattigen Plätzchen schonend trocknen. Pflücken Sie das Grün aber bitte nicht ausgerechnet an einer stark befahrenen Straße oder auf einer Hundewiese, sondern an einer möglichst naturbelassenen Örtlichkeit.

IMMER AUF VORRAT

Heu ist eine der Hauptmahlzeiten des Hamsters. Es sollte ihm daher stets zur Verfügung stehen. In einer Futterkugel dargeboten, wird es nicht feucht und hält sich lange frisch.

FRISCHFUTTER

Wilde Hamster trinken nicht. Ihren Flüssigkeitsbedarf decken sie mit Frischfutter, in dem reichlich Wasser enthalten ist. Mit dem frischen Grün nehmen die Nager gleichzeitig viele lebenswichtige Vitamine und Mineralstoffe zu sich. Und die braucht Ihr kleiner Freund auch dann, wenn Sie ihn regelmäßig mit frischem Wasser versorgen. Möhren (Vorsicht, das Grün nicht verfüttern), Äpfel (keine süßen Sorten) und Gurke stellen das ganze Jahr über das Standard-Frischfutter dar. Zur Abwechslung können Sie je nach Saison Eisbergsalat, Sojasprossen oder Hagebutten sowie kleine Stückchen von Kürbis, roten Beten oder Erdbeeren anbieten. Ebenso können Sie die Kräuter, die Sie trocken mit dem Heu verfüttern, auch frisch anbieten.

Die richtige Menge: So gesund es auch sein mag: Füttern Sie nie zu viel Frischfutter auf einmal. Es verdirbt leicht und ist deshalb nicht selten der Grund dafür, dass der Hamster Darmerkrankungen davonträgt. Das Beste ist, Frischfutter täglich nur in kleinen Mengen anzubieten. Bevor Sie es in den Käfig legen, kontrollieren Sie, ob sich dort oder im Schlafhäuschen noch Futterreste vom Vortag befinden. Wenn ja, ent-

Ein Topf Katzengras bietet reichlich Abwechslung. Ihr Hamster kann darin herumklettern und es auch noch fressen. Der kleine Chinesische Streifenhamster fühlt sich auf jeden Fall sichtlich wohl.

fernen Sie diese. Mit der Zeit bekommen Sie dann ein gutes Maß dafür, wie viel Futter Ihr Pflegling tagtäglich benötigt.

Gut für die Zähne: Hamster sind Nagetiere und sollten deshalb die Möglichkeit haben, immer mal wieder ihre Nagezähne einzusetzen. Legen Sie dazu frische Zweige samt Blätter in den Käfig (etwa von Apfel, Birne, Buche oder Haselnuss). Achten Sie bitte auch hier darauf, dass die Bäume weder direkt an der Straße wachsen noch mit Pflanzenschutzmitteln gespritzt wurden.

EIWEISSNAHRUNG

Um ihren Eiweißbedarf zu decken, fressen Hamster, insbesondere Zwerghamster, in freier Natur neben Grünzeug auch tierische Nahrung wie Käferlarven oder Heuschrecken. Das zusätzliche Eiweiß spielt vor allem während der Trächtigkeit und beim Säugen der Jungen eine große Rolle. Zwar ist in Fertigfuttermischungen bereits ein gewisser Eiweißanteil enthalten. Trotzdem sollten Sie Ihrem kleinen Liebling ein- bis zweimal pro Woche entsprechende Zusatznahrung anbieten.

Frisches Eiweiß: Eine Möglichkeit ist es, kleine Mengen ungesüßten Quark oder Frischkäse zu füttern. Tauchen Sie einfach einen Finger in Quark und halten Sie ihn dem Hamster hin. Schleckt er den Finger ab? Probieren Sie Verschiedenes aus. Auch Hamster haben unterschiedliche Geschmäcker. Füttern Sie aber nicht zu viel: Eine Fingerkuppe pro Mahlzeit genügt. Wollen Sie das Futter in einem kleinen Napf anbieten, holen Sie diesen am nächsten Tag wieder aus dem Käfig.

Lebendfutter: Wenn Sie damit keine Probleme haben, sollten Sie dem Hamster sogar lebendes Futter anbieten. Im Zoofachhandel können Sie Mehlwürmer, Grillen oder Heuschrecken kaufen. Am einfachsten lassen sich Mehlwürmer verfüttern. Pro Woche sollte Ihr Hamster ein bis zwei von ihnen bekommen. Benutzen Sie dazu am besten eine Pinzette. Das Festhalten der beweglichen, glatten Würmer bedarf etwas Übung. Testen Sie das also lieber vorher, um das rechte Maß zu finden. Zu viel Druck auf die Pinzette schadet den Mehlwürmern, zu wenig lässt sie entgleiten. Lebende Grillen (Mittelmeergrillen oder Heimchen) oder Heuschrecken setzen Sie am besten frei in den Käfig des Hamsters. Sie werden staunen, mit welcher Begeisterung und Geschwindigkeit Ihr Liebling sich auf dieses begehrte Futter stürzt. Achten Sie aber darauf, dass die Grillen nicht entweichen. Wenn sie sich andernfalls hinter Ihren Möbeln verstecken und zu zirpen beginnen, kann das ganz schön nerven. Übrigens muss man keine lebenden Tiere verfüttern, es gibt sie auch im getrockneten Zustand.

Schon gewusst?

Mehlwürmer sind keine Würmer, sondern die Larven des Mehlkäfers *(Tenebrio molitor)* aus der Familie der Schwarzkäfer. Wie der Name vermuten lässt, ernähren sich insbesondere die Larven von Mehl und anderen Getreideprodukten. Werden die Mehlwürmer nicht gefressen und finden etwas Nahrung, beginnen sie sich zu verpuppen. Aus der Puppe schlüpft dann der 1 bis 2 Zentimeter große, schwarze und flugfähige Mehlkäfer. Die Käfer sind nachtaktiv, und Sie sollten darauf achten, dass sie sich nicht unkontrolliert ausbreiten. Die Tiere lassen sich in kleinen Plastikbehältern auf Haferflocken mit Zugabe von harten Brötchen relativ leicht züchten.

Gut für Hamster

In freier Natur ernährt sich der Hamster sehr vielseitig. Und auch als Heimtier liebt er die Abwechslung.

GEMÜSE

Ideal sind Eisbergsalat, Kohlrabiblätter, Möhren mit Blättern, Kohlrüben, Maisblätter und Sellerie.

KÖRNER

Bilden die tägliche Futterbasis, doch auch ungesüßte Cornflakes eignen sich.

HEU

Sollte als Futter und zum Nestbau immer zur Verfügung stehen.

WEGERICH

Insbesondere Spitzwegerich hat auch Heilwirkung, etwa bei Entzündungen.

GÄNSEBLÜMCHEN

Sollte als ganze Pflanze mitsamt der Blüten verabreicht werden.

LÖWENZAHN

Lässt sich leicht finden; Blätter und Blüten können verfüttert werden.

LEBENDFUTTER

Zoophobas, Grillen oder Heuschrecken lebend in angemesser Menge anbieten.

MEHLWÜRMER

Können lebend oder im getrockneten Zustand verabreicht werden.

SONNENHUT

Die ganze Pflanze kann verfüttert werden. Sie wirkt sich fördernd auf das Immunsystem aus.

AUS EIGENER ERNTE

Haben Sie einen Garten oder einen Balkon? Dann können Sie die Kräuter auch selbst anbauen. Gut dazu eignen sich etwa Petersilie, Klee, Luzerne, Löwenzahn, Kamille, Melisse, Minze und zahlreiche andere Gartenkräuter. Diese Pflanzen können Sie Ihrem Hamster frisch oder getrocknet in den Käfig geben. Informieren Sie sich im Internet über die Wirkung bestimmter Arten.

Ungesund für Hamster

Gewisse Lebensmittel sollten dem Hamster nicht verabreicht werden, und auch Zimmerpflanzen sind tabu für ihn.

SÜSSIGKEITEN

Können bei Zwerghamstern Diabetes auslösen und verkleben möglicherweise die Backentaschen.

GEMÜSESORTEN

Schwer verdaulich sind Hülsenfrüchte, Rhabarber und rohe Kartoffeln.

ZWIEBELN, LAUCH

Verursachen Blähungen, genau wie manche Kohlsorten, darunter Weiß- und Rotkohl.

SAURES OBST

Zitrusfrüchte, Pfirsich, Aprikose, Ananas, Johannisbeeren etc. verursachen Übersäuerung.

EIGELB

Nur in Maßen verfüttern, da Eigelb sehr fetthaltig ist.

GESALZENE NÜSSE

Das Salz führt zu Nierenschäden; ungesalzene Nüsse in Maßen (fetthaltig).

ZIMMERPFLANZEN

Sollten stets außer Reichweite platziert werden, denn es besteht Vergiftungsgefahr.

NAGERDROPS

Enthalten zu viel Zucker und sind daher schädlich.

HUNDE- UND KATZENFUTTER

Ist explizit für diese Tierarten zusammengestellt und darf an Hamster nicht verfüttert werden.

LAUBGEHÖLZE UND NADELBÄUME

Hamster sollten keine Zweige von Nadelbäumen fressen, denn sie enthalten unverträgliche ätherische Öle und Harze. Auch die Zweige oder Blätter bestimmter Laubgehölze, etwa von Rosskastanie, Eiche und Efeu sind tabu. Sie enthalten unter anderem Blausäure. Ebenso dürfen weder Eicheln noch Rosskastanien in den Käfig gelegt werden.

DAS SAUBERE HAMSTERHEIM

Zuerst eine gute Nachricht: Hamster sind, was die Pflege betrifft, nicht sehr anspruchsvoll. Sie riechen auch weniger aufdringlich als Mäuse oder Ratten, deren Käfig länger nicht gesäubert wurde. Meiner Meinung nach wird bei der Käfigpflege ohnehin fast immer eher zu viel als zu wenig getan. Denn eine gründliche Reinigung des Käfigs, verbunden mit dem Wechsel der Einstreu, ist bei einem einzeln gehaltenen Hamster im Grunde höchstens einmal im Monat nötig. Sie wissen ja bereits, dass Hamster empfindlich auf Veränderungen in ihrer gewohnten Umwelt oder auf neue Gerüche reagieren. Und genau dazu kommt es, wenn Sie zu oft im Käfig hantieren. Auch die Pflege des Tiers ist nicht so aufwendig, denn Hamster haben ein angeborenes Putzprogramm. Sie reinigen sich eigentlich selbst.

DIE KÄFIGPFLEGE

Natürlich lassen sich Tiere nicht mit Menschen vergleichen. Aber würde es Ihnen gefallen, wenn alle paar Tage irgendjemand Ihre Wohnung neu tapezieren und die Möbel völlig umstellen würde? Warum sollte sich also ein Hamster darüber freuen? Gehen Sie die Käfigpflege daher lieber ganz entspannt an.

Das ist täglich zu tun: Kontrollieren Sie jeden Tag den Futternapf und füllen Sie ihn wenn nötig neu auf. Gehamstertes Körnerfutter belassen Sie an Ort und Stelle. Frischfutterreste dagegen sollten Sie aus dem Käfig entfernen. Auch beim täglichen Blick ins Schlafhäuschen gilt: Eine Deponie Körnerfutter ist erlaubt, Reste von Frischfutter müssen raus. Sehen Sie außerdem nach dem Wasserstand in der Trinkflasche und füllen Sie eventuell Wasser nach.

Das genügt wöchentlich: Einmal in der Woche holen Sie den Futternapf aus dem Käfig und reinigen ihn gründlich mit heißem Wasser, aber ohne Spülmittel. Auch die Trinkflasche wird unter Einsatz einer Flaschenbürste mit heißem Wasser gesäubert und anschließend neu befüllt. Ebenfalls einmal wöchentlich entsorgen Sie die Streu aus der Urinecke (→ Kasten unten).

Einmal im Monat: Nicht häufiger als aller vier Wochen steht die Grundreinigung des Käfigs an. Entnehmen Sie zunächst etwas alte Einstreu aus dem Käfig und geben Sie sie in die Transportbox des Hamsters oder in einen leeren Eimer. Benutzen Sie ein passendes Gefäß, um Ihren Liebling stressfrei aus dem Käfig zu holen. Anschließend entfernen Sie alle Einstreu aus dem Heimkäfig samt dem gehamsterten Futter. Wenn vorhanden, entnehmen Sie die Bodenwanne und reinigen Sie sie mit heißem Wasser und ein wenig unparfümiertem Spülmittel. Der Einsatz spezieller Desinfektionsmittel ist nicht notwendig. Bei hartnäckigen Rückständen, wie beispielsweise in der Urinecke, weichen Sie die betroffene Stelle ein-

Schon gewusst?

Urinecke Hamster setzen ihren Urin in der Regel immer an der gleichen Stelle ab – meistens in der Käfigecke. Suchen Sie diesen Fleck und entnehmen Sie mit einer kleinen Schaufel einmal in der Woche vorsichtig die verunreinigte Einstreu. Ersetzen Sie sie anschließend durch neue Späne.

Endlich wieder zurück im Käfig. Wenn Sie alles an den alten Platz zurückgestellt haben und der Hamster sein Zuhause am Geruch wiedererkennt, fühlt er sich sofort wieder geborgen. Ein neuer Käfig voller fremder Gerüche stresst ihn dagegen sehr und bringt sein kleines Herz regelrecht zum Rasen.

fach mit etwas Essig ein und spülen mit Wasser nach. Wischen Sie anschließend mit Essigwasser über die Gitterstäbe bzw. die Wände. Bürsten Sie alle Einrichtungsgegenstände und das Schlafhäuschen trocken ab. Geräte aus Kunststoff oder Keramik spülen Sie mit heißem Wasser (ohne Geschirrspülmittel). Hölzerne Einrichtungsgegenstände können Sie gegebenenfalls mit einem feuchten Tuch abwischen.

Ist alles trocken, geben Sie neue Streu in den Käfig und stellen die Einrichtungsgegenstände möglichst wieder an dieselben Plätze wie zuvor. Eine vertraute Umgebung schaffen Sie auch, indem Sie etwas alte Streu (am besten vorher bereitlegen) in den Käfig einbringen. Entsprechend verfahren Sie, wenn Sie den Hamster in einem Glasbehälter oder Holzkäfig halten. Bevor Sie das Tier wieder hineinsetzen, füllen Sie den Futternapf und geben etwas Heu in den Käfig. Bieten Sie alternativ ein Zellstofftaschentuch zum Nestbau an. Die Wasserflasche sollte natürlich frisch gefüllt sein. Etwas Frischfutter erleichtert Ihrem Liebling den Bezug seines Käfigs mit dem zunächst noch etwas ungewohnten Geruch.

DAS KLEINE EINMALEINS DER PFLEGE

Beobachten Sie Ihren Hamster täglich? Prima, das ist die beste Möglichkeit, Veränderungen festzustellen, zum Beispiel Verunreinigungen des Fells an den Beinen oder im Schnauzen- und Afterbereich.

EIN SCHÖNES FELL

Da der Hamster sich regelmäßig selbst sehr gründlich putzt, kommt es relativ selten vor, dass sein Fell schmutzig ist. Sichtbare Veränderungen deuten daher meist bereits auf eine Erkrankung hin. Doch dazu später mehr.

Beobachten Sie Ihren Pflegling doch einmal dabei, wie er nach der Tagesruhe in den Abendstunden seine »Morgentoilette« vollzieht. Mit beiden Vorderpfoten, wahlweise auch abwechselnd mit links oder rechts, säubert er dann beispielsweise die Region rund um das Schnäuzchen. Um die Fellpflege – insbesondere bei Zwerghamstern – zu unterstützen, stellen Sie ein Schälchen mit Chinchilla-Sand in den Käfig. Viele (wenn auch nicht alle) Hamster wälzen sich darin, und das tut dem Fell gut. Ein Bad im Wasser dagegen mögen die kleinen Kerle gar nicht. Es wäre ohnehin auch ungesund für sie.

Lange Haare, mehr Aufwand: Etwas mehr Aufmerksamkeit benötigen die langhaarigen Teddyhamster. Insbesondere durch Futterreste kann ihr Fell verkleben oder verfilzen. Da das lange Fell ein Ergebnis menschlicher Zucht ist, können sie sich nicht ausreichend selbst reinigen. Eine derartige Mähne ist im natürlichen Putzprogramm des Hamsters einfach nicht vorgesehen. Wenn Sie einen langhaarigen Hamster Ihr Eigen nennen, müssen Sie ihm daher hin und wieder helfen. Besonders der Afterbereich der Teddyhamster neigt zum Verfilzen. Versuchen Sie, mit einem Kamm oder einer Zahnbürste Abhilfe zu schaffen. Kämmen oder bürsten Sie dabei stets sanft in Wuchsrichtung des Fells. Trotz Ihrer guten Absicht wird dem Hamster das Ganze jedoch nicht gefallen. Sie müssen ihn daher gut festhalten. Wenn Kämmen und Bürsten nicht weiterhelfen, ist es besser, die verfilzten Haare mit einer Schere abzuschneiden. Machen Sie sich keine Sorgen: Die Haare wachsen wieder nach.

Schon gewusst?

Nur zur richtigen Zeit Messungen des Herzschlags haben eindeutig gezeigt, wie sehr Hamster unter Stress leiden, wenn sie angefasst werden oder ihr Käfig verändert wird. Da dieser Stress am Tag – also während der Ruhezeit des Hamsters – besonders hoch ist, sollten Sie alle Pflegemaßnahmen sowie die Käfigreinigung möglichst in seine aktiven Abendstunden verlegen.

KRALLEN- UND ZAHNPFLEGE

Anders als bei Meerschweinchen müssen beim Hamster die Krallen normalerweise nicht geschnitten werden. Auch eine Veränderung der Zähne ist unüblich. Sie selbst unterstützen ja die Abnutzung, indem Sie Zweige von Obstbäumen oder Holzstückchen in den Käfig legen. Mancher Hamsterpfleger empfiehlt zur Stärkung von Zähnen und Krallen, einen Kalk- oder Mineralstein aufzuhängen. Ich selbst finde dies bei abwechslungsreicher Fütterung unnötig. Und meistens interessieren sich die Hamster auch nicht dafür.

WIEGEN Wenn Sie den Hamster regelmäßig einmal in der Woche wiegen, lässt sich der Gesundheitszustand Ihres kleinen Lieblings gut kontrollieren. Am besten ermitteln Sie das Gewicht mit einer Digitalwaage und tragen es in Ihr Hamstertagebuch ein. Verändert sich das Gewicht innerhalb einer Woche um sieben Gramm oder mehr, besteht Grund zur Sorge. Zögern Sie in diesem Fall nicht und rufen Sie umgehend den Tierarzt an, um festzustellen, was Ihrem Freund fehlt.

AUSSCHNEIDEN Das Fell langhaariger Teddyhamster neigt dazu zu verfilzen. Ist Ihr Hamster an die Hand gewöhnt, ist ein Fellschnitt die beste und wirkungsvollste Abhilfe. Halten Sie das Tier und kürzen Sie ihm die Haare. Um den Hamster nicht zu verletzen, halten Sie dabei die Schere immer parallel zu dem kleinen Körper. Und seien Sie nicht traurig: Schon bald wächst das Fell in alter Schönheit wieder nach.

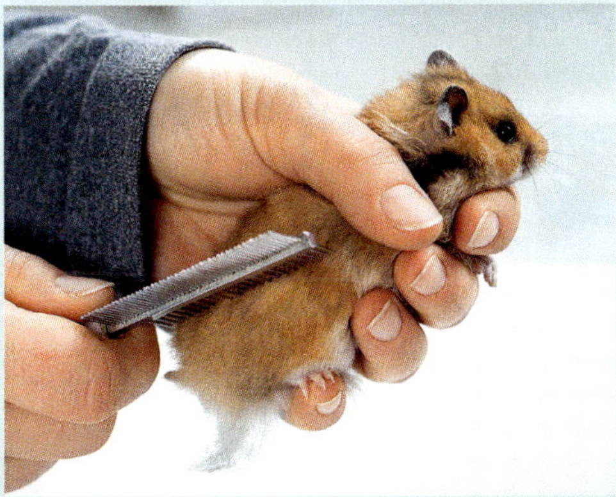

AUSKÄMMEN Ist das Fell nicht allzu lang und nicht zu sehr verfilzt, können Sie auch versuchen, es auszukämmen. Allerdings ist diese Prozedur für das Tier meist deutlich unangenehmer als das Stutzen.

IST MEIN HAMSTER KRANK?

Hamster sind bei richtiger Pflege nicht sehr krankheitsanfällig. Es gibt auch keine typischen Hamsterkrankheiten. Genauso wenig wird ein kranker Hamster seinen Besitzer anstecken. Eine Ausnahme bilden nur Pilzbefall und die seltene Lymphozytäre Choriomeningitis (→ Seite 69).
Wie aber stellen Sie fest, ob Ihr Hamster krank ist? Am besten natürlich, indem Sie regelmäßig sein Aussehen und Verhalten beobachten. Ein weiteres wichtiges Anzeichen für das Wohlbefinden oder eine Erkrankung Ihres Hamsters ist sein Körpergewicht. Wiegen Sie ihn daher regelmäßig, am besten einmal pro Woche (→ auch Seite 86).
Die Tabelle auf Seite 69 vermittelt Ihnen einen Überblick über ein paar typische Krankheitsanzeichen des Hamsters. Bemerken Sie eines der Symptome an Ihrem Liebling oder sind Sie unsicher, ob mit Ihrem kleinen Freund alles stimmt, sollten Sie unbedingt einen Tierarzt aufsuchen. Versuchen Sie auf keinen Fall, das Tier erst einmal selbst zu behandeln. Bei den kleinen Nagern ist Zeit kostbar.
Hinweis: Überlegen Sie auf dem Weg zum Tierarzt, ob sich in letzter Zeit etwas verändert hat: Haben Sie ein neues Futter ausprobiert? Haben Sie mehr oder anderes Frischfutter gegeben? Hatte der Hamster Freilauf? War die Temperatur im Käfig anders?

HÄUFIGE ERKRANKUNGEN

Die im Folgenden aufgezählten Krankheiten kommen bei Hamstern am ehesten vor:
Milben- oder Pilzbefall: Der Hamster kratzt sich oft und ist unruhig. Das Fell ist unter Umständen struppig oder fällt sogar aus. Ist die Haut an diesen Stellen gerötet oder schorfig, deutet das auf einen Befall mit Haar- oder Räudemilben oder auf einen Hautpilz hin. Halten Sie den Hamster über weißes Papier und kämmen oder streichen Sie sein Fell aus. Bei einem Milbenbefall fallen die Parasiten herunter. Mit einer Lupe können Sie sie sehen. Pilze hinterlassen dagegen keine Spuren. Die Ursache eines Parasitenbefalls ist häufig in verringerten Abwehrkräften zu suchen. Dies wiederum hat seine Ursache in schlechten Haltungsbedingungen (etwa einer vernachlässigten Käfigpflege oder Mangelernährung). Aber auch übertriebene Sauberkeit kann den Hamster daran hindern, ausreichend Abwehrkräfte aufzubauen.

Will der Hamster gar nicht aus seinem selbst gegrabenen Bau oder seinem Häuschen heraus, ist das ungewöhnlich und vielleicht ein Krankheitsanzeichen.

In jedem Fall sollten Sie nicht mit Sprays oder Ähnlichem experimentieren, sondern rasch zum Tierarzt gehen. Er kann nicht nur eine exakte Diagnose stellen, sondern im Gespräch mit Ihnen auch klären, was die Ursachen für die Erkrankung sein könnten. Sollte Ihr Hamster tatsächlich einen Pilz haben, dann waschen und desinfizieren Sie sich immer die Hände, wenn Sie ihn angefasst oder gestreichelt haben.

Lippengrind: Pilze und Bakterien sind auch die Ursache für Veränderungen im Schnauzenbereich des Hamsters. Sie entstehen hauptsächlich durch Vitaminmangel und werden durch Stress und falsche Haltung begünstigt. Mit geeigneten Salben vom Tierarzt und einer Ernährungsumstellung können Sie Ihrem kleinen Liebling helfen, wieder gesund zu werden.

Durchfall: Ihr Hamster ist kaum aktiv und frisst nicht? Seine Afterregion ist verschmutzt? Der Kot wird nicht in »Kötteln«, sondern breiig oder gar wässrig abgegeben? Dann heißt es schnell zu handeln und einen Tierarzt aufzusuchen. Ist die Erkrankung akut, kann der Patient innerhalb von 24 Stunden sterben, wenn Sie nichts oder das Falsche tun. Am wichtigsten ist jetzt, dass der Hamster trinkt. Macht er das nicht von allein, flößen Sie ihm mit einer Plastikspritze (ohne Kanüle) lauwarmen Kamillentee ein. Reinigen Sie auch die Afterregion des Tiers.

Verantwortlich für Durchfall ist meist ungeeignetes oder behandeltes Frischfutter sowie eine generelle Futterumstellung. Manchmal hat der Hamster auch beim Freilauf irgendetwas angenagt, das ihm nicht bekommt.

HALTEN Fassen Sie den Hamster so, lässt er sich gut untersuchen. Mit etwas Übung finden Sie das Maß zwischen zu lockerem und zu festem Griff.

MEDIKAMENTE Mit einer Spritze ohne Kanüle können Sie dem Hamster lebensnotwendige Flüssigkeit verabreichen. Bei Bedarf wird das Wasser mit Medikamenten versetzt.

NASSES FELL Ist die Schwanzregion des Hamsters dauerhaft nass, besteht Grund zur Besorgnis. Gehen Sie auf jeden Fall zum Tierarzt.

Erkältung: Die Anzeichen einer Erkältung sind beim Hamster ähnlich wie beim Menschen: Er niest und macht beim Atmen pfeifende Geräusche. Die Nase läuft, und die Augen sind gerötet. Ist das Tier schon länger krank, frisst es weniger und verliert an Körpergewicht. Die Ursachen für eine Erkältung sind vielfältig: Zugluft, Stress, aber auch Mangelernährung können schuld daran sein. Gehen Sie auf jeden Fall zum Tierarzt, denn unter Umständen ist eine Behandlung mit Antibiotika ratsam. Auch mit einer Wärmebehandlung können Sie die Genesung unterstützen. Bestrahlen Sie dazu einen Teil des Käfigs mit einer Wärmelampe. Messen Sie dabei die Temperatur im Käfig unter der Lampe. Sie sollte nicht mehr als 30 °C betragen. Und achten Sie darauf, dass der Hamster der Wärme auch ausweichen kann.

Nassschwanzkrankheit: Diese Erkrankung tritt häufig bei jüngeren Tieren auf. Die Hamster haben eine nasse Schwanzregion, meist Durchfall und verlieren an Körpergewicht. Auch hier gilt: Suchen Sie sofort einen Tierarzt auf. Die Ursachen sind ähnlich wie beim Durchfall. Dazu kommt die Stressbelastung eines jungen Hamsters durch die Trennung von der Mutter oder weil der Pfleger gewechselt hat.
Probleme mit den Backentaschen: Bekommt der Hamster Süßigkeiten, ist das nicht nur sehr schlecht für seinen Magen. Der Zucker kann auch dafür sorgen, dass die Backentaschen verkleben. Das Tier versucht dann erfolglos immer wieder, diese zu leeren. Beobachten Sie dies, muss der Tierarzt helfen. Andernfalls kann es zu Entzündungen und Abszessen der Backentaschen führen.
Diabetes (Zuckerkrankheit): Bei falscher Ernährung kann auch ein Hamster zuckerkrank werden. Wie bei vielen Kleintieren trübt sich dann die Hornhaut des Auges. Das Tier wiegt zu viel, und die Urinecke ist ständig nass. Stellt der Tierarzt die Diagnose Diabetes, ist es meist zu spät. Füttern Sie also keine Süßigkeiten.
Harte Stellen und Geschwüre: Besonders ältere Tiere haben manchmal Beulen unter oder auf der Haut. Geschwüre können aber auch nicht sichtbar im Inneren des Hamsters entstehen. Stellen Sie beim Abtasten etwas fest, kann unter Umständen eine Operation helfen.
Weitere Krankheiten: Hamster leiden bisweilen unter Knochenbrüchen, Bisswunden, Hitzeschock

Ist der Hamster krank? Ein Tuch über dem Käfig hilft ihm, sich zu beruhigen, und das fördert die Heilung.

und Augenerkrankungen. Sollten Sie diese Beschwerden entdecken, so gehen Sie unbedingt zum Tierarzt. Er weiß am besten, was zu tun ist.

GEFAHR AUCH FÜR MENSCHEN

Hamster können Hirnhautentzündungen auf den Menschen übertragen. Mögliche Symptome dafür sind Fieber, Abgeschlagenheit sowie Kopf-, Gelenk- und Muskelschmerzen. Tatsächlich sind in Deutschland in den letzten Jahren sehr vereinzelt Erkrankungen aufgetreten – jedoch nur bei Personen, die beruflich Kontakt zu mehreren Nagern hatten. Die Lymphozytäre Choriomeningitis (LCM) tritt vorzugsweise bei jungen Hamstern auf, die zum Beispiel in Tierzuchten Kontakt mit infizierten Mäusen hatten. Meinen Sie, entsprechende Symptome nach Erwerb eines Junghamsters bei sich festzustellen, so wenden Sie sich umgehend an Ihren Hausarzt. Weisen Sie ihn auf den Hamster hin.

Hinweis: Bei einer Infektion in der Schwangerschaft kann es zu einer Fehlgeburt kommen. Schwangere sollten daher jedweden Kontakt zu Hamstern meiden.

TYPISCHE SYMPTOME UND IHRE BEHANDLUNG

SYMPTOME	KRANKHEITEN	ERSTE HILFE
Verhalten: Inaktiv, bleibt im Haus, frisst nicht, zittert und ist schreckhaft, kratzt sich, läuft unregelmäßig	Alle Krankheiten möglich Knochenbruch Hitzeschock	Kein Stress, Käfig beschatten, bei Hitzeschock mit feuchten Tüchern kühlen, Tierarzt
Aussehen: Durchfall, Aftergegend nass, Scheidenausfluss, gekrümmte Haltung, Gewichtsverlust oder -zunahme, aufgedunsen, Bauch hart, Hoden treten vor	Darmerkrankung, Nassschwanzkrankheit, bei Scheidenausfluss ist das Weibchen evtl. im Östrus; Hoden treten im Sommer bei Hitze hervor	Futter überprüfen, Frischfutter stoppen, Wasser geben, Tierarzt; Östrus und Hodenschwellung sind keine Krankheit
Fell und Haut: Gesträubt, Haarausfall, Geschwüre, Verletzungen	Milbenbefall, Pilzbefall, Tumore, Bisswunden	Tierarzt, Sprays und Salben
Nase: Niesen, Nasenausfluss, Atemgeräusche	Erkältung	Ursache abstellen, Wärmelampe, Tierarzt
Mund: Schorfig, Speichelausfluss, Zähne unregelmäßig, Backentaschen sichtbar	Pilz- und Bakterienbefall, Zahnanomalie, Backentaschen verklebt	Tierarzt
Auge: Gerötet, verklebt, hervorstehend, tränen, trocken	Keratokonjunktivitis (Augenentzündung)	Tierarzt, Salben

SONDERBARES VERHALTEN BEI HAMSTERN

Nicht nur Krankheiten können das Verhältnis zu Ihrem Heimtier beeinträchtigen, sondern auch auffälliges Verhalten. Sie können aber einiges dazu beitragen, dass Sie und Ihr Tier glücklich sind.

VERHALTENSSTEREOTYPIEN

Wenn Tiere ohne erkennbares Ziel über längere Zeit stets das Gleiche tun, spricht man von Stereotypien. So gibt es Hamster, die ununterbrochen am Käfiggitter nagen. Andere laufen immer die gleiche Strecke – meist an einer Käfigwand. Wieder andere versuchen ohne Unterlass, in einer Ecke des Käfigs hochzuspringen, eine Verhaltensauffälligkeit, die besonders bei der Haltung in Glasterrarien vorkommt. Zwerghamster zeigen machmal ein Verhalten, das als *backflipping* bezeichnet wird. Die Tiere schlagen quasi Rückwärtssaltos. Die Ursache solcher Verhaltensstereotypien sind ungenügende, meist zu eintönige Haltungsbedingungen. Für Sie als verantwortungsvollen Hamsterhalter bedeutet dies wiederum, dass Sie durch einen artgerechten Käfig sowie ausreichende Beschäftigungsmöglichkeiten (→ Seite 77ff.) Verhaltensstörungen vorbeugen können. Haben sich diese erst einmal eingeschlichen, lassen sie sich nur schwer oder überhaupt nicht wieder abtrainieren. Versuchen Sie es dennoch mit einem neuen größeren Käfig, mehr Beschäftigung und viel Freilauf.

SCHEU UND ZURÜCKGEZOGEN

Kommt der Hamster kaum aus dem Häuschen, kann dies unterschiedliche Gründe haben. Bei einem neuen und jungen Tier besteht kein Grund zur Besorgnis. Gönnen Sie ihm einfach noch etwas Eingewöhnungszeit und versuchen Sie nie, es zu etwas zu zwingen. Nur durch ruhige und vorsichtige Annäherung können Sie sein Vertrauen erreichen. Hat sich Ihr Hamster früher »normal« verhalten, könnte er jedoch krank sein. Kontrollieren Sie in diesem Fall sein Aussehen und Gewicht und suchen Sie eventuell den Rat eines Tierarztes. Liegen keine Anzeichen für eine Erkrankung vor, bleibt nur die Möglichkeit, dass Ihr Hamster durch irgendetwas nachhaltig gestresst wurde. Haben Sie oder andere ihn während der Schlafenszeit am Tage gestört? Wird er vielleicht nicht mit der nötigen Ruhe behandelt? Besonders kleine Kinder sind oft ungeduldig und verlangen dem neuen Hausgenossen zu viel ab. Sprechen Sie mit Ihren Kindern und erklären Sie ihnen, dass der Hamster vorsichtig an den Pfleger gewöhnt werden muss und vor allem während seiner Ruhezeit nicht geweckt werden darf.

Wenn sich Hamster putzen, kann das entspanntes Komfortverhalten, aber auch sogenanntes Übersprungsverhalten bei großer Erregung sein.

NICHT ZUTRAULICH UND BISSIG

Obwohl Hamster selten zuschnappen, kann es doch einmal vorkommen, dass Sie oder Ihr Kind von Ihrem Nager gebissen werden. Das kann zum Beispiel passieren, wenn Sie ihn ungeschickt anfassen. Vielleicht wollte Ihr kleiner Gefährte auch nur einmal die Bissfestigkeit des neuen »Futters« prüfen, als Sie den Finger durch das Käfiggitter gesteckt haben. So eine Bisswunde heilt jedoch schnell wieder und bedarf in der Regel keiner besonderen Behandlung.
Wird der Hamster jedoch gar nicht zutraulich und versucht er immer wieder, Sie zu beißen, liegt es wahrscheinlich – wie in vielen Fällen – an der mangelnden Geduld bei seiner Gewöhnung an den Menschen. In diesem Fall hilft leider nur wieder die Methode der vorsichtigen und schrittweisen Annäherung.

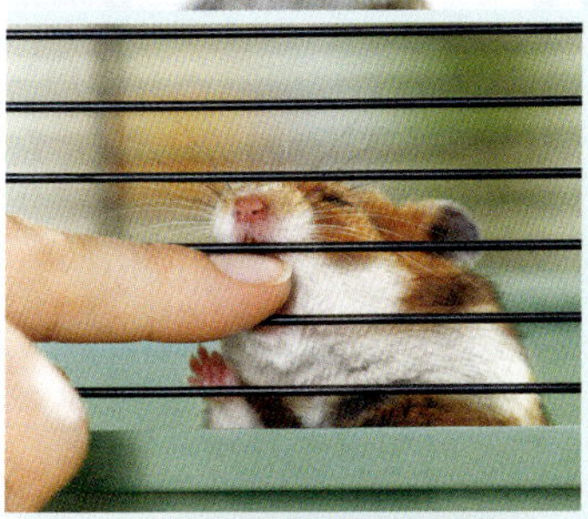

AM GITTER NAGEN Knabbert ein Hamster andauernd am Käfiggitter, spricht man von einer sogenannten Stereotypie. Meist sind mangelnde Beschäftigungsmöglichkeiten für das absonderliche Verhalten verantwortlich. Mit einer abwechslungsreichen Käfigausstattung und mit häufigem Freilauf beugen Sie dieser Abnormität deshalb am effektivsten vor.

VORSICHT BISSIG Will sich Ihr Hamster gar nicht an Menschen gewöhnen? Versucht er Sie bei jeder Ihrer Annäherungen zu beißen? Vielleicht hat er negative Erfahrungen mit Menschen gemacht, wurde schon oft während seiner Schlafphase geweckt oder auf ähnliche Art gestresst. Da hilft nur eins: viel Geduld und vorsichtig aneinander gewöhnen – Schritt für Schritt.

SEHR SCHEU Während manche Hamster immer wieder beißen (→ Bild 2), suchen andere ihr Heil in der Flucht und sind besonders scheu. Die Tiere bleiben immer weit hinten im Hamsterhäuschen und kommen nur ganz kurz heraus, um Futter zu sammeln. Auch dieses Verhalten beruht auf der Furcht vor dem Pfleger und seinen Händen. Es hilft nur, langsam und vorsichtig Vertrauen aufzubauen.

NACHWUCHS BEI FAMILIE HAMSTER

Dieses Buch soll keine Anleitung zur Hamsterzucht liefern. Die Vermehrung der putzigen Nager sollte den professionellen Hamsterzüchtern vorbehalten bleiben. Sie wissen genau, welche Tiere wann verpaart werden, und können eine optimale Aufzucht der Jungen gewährleisten. Zudem ist bei Profis die Abnahme beziehungsweise der Weiterverkauf der Jungtiere geregelt. Nichtsdestotrotz kommt es auch beim Laien immer wieder zu Nachwuchs. Nicht selten nämlich werden in der Zoohandlung Männchen und Weibchen eines Wurfs gemeinsam in einem Käfig gehalten. Werden die Tiere nicht sofort verkauft, kann es passieren, dass sie bereits verpaart sind, wenn sie zu Ihnen gelangen. Haben Sie ein Weibchen erworben, hören Sie dann eines Tages ein Fiepen und Piepsen aus dem Hamsterhäuschen.

DAS PAARUNGSVERHALTEN

Wild lebende Goldhamster verlassen nach ihrem Winterschlaf im März die Baue. Nachdem sie sich satt gefressen haben, gehen die Männchen auf Partnersuche. Immer wieder kontrollieren sie abends die Baue der Weibchen, um festzustellen, ob sich die Hamsterdamen mit ihnen paaren wollen. Dazu sind die Weibchen alle vier Tage bereit. Trifft ein Männchen ein williges Weibchen, paart es sich mit ihm. Doch Hamsterliebe ist nicht von Dauer. Schon unmittelbar nach dem Akt gehen Männchen und Weibchen wieder getrennte Wege. Die Goldhamsterweibchen reagieren sogar aggressiv auf die Männchen und möchten nichts mit ihnen zu tun haben. Professionelle Züchter trennen die Geschlechter deshalb sofort nach der Paarung, oder sie halten die Hamster in so großen Käfigen, dass sich die Männchen darin verstecken können.

TRAGZEIT UND GEBURT

Von allen Säugetieren haben Hamster die kürzeste Tragzeit. Beim Goldhamster vergehen gerade einmal 16 Tage, ehe die Jungen das Licht der Welt erblicken. Bei den *Phodopus*-Zwerghamstern beträgt die Tragzeit nur zwei Tage mehr, beim Chinesischen Streifenhamster dauert die Trächtigkeit insgesamt 20 Tage. In dieser Zeit sammelt die werdende Mutter schon fleißig Nistmaterial und bereitet das Wurfnest vor. Beson-

Ein Nest mit sieben Tage alten Goldhamstern. Ihr Fell beginnt bereits zu wachsen, die Mutter kann sie daher schon länger allein lassen.

SCHÖN WARM Diese jungen Dsungarischen Zwerghamster sind schon weit entwickelt und können ihre Körpertemperatur problemlos selbst regulieren.

AUSGEBÜXT Die Jungen sind neugierig. Meist werden ihre Entdeckungsreisen jedoch von der Mutter unterbunden, die sie zurück ins Nest trägt. Hamsterväter machen das nicht.

ABSCHIED NEHMEN Fressen die Jungtiere selbstständig, werden sie von der Mutter getrennt. Geschwister bleiben aber noch zusammen.

ders Zellstoff wird dankbar zum Auspolstern angenommen. Gleichzeitig nimmt sie besonders viel eiweißreiche Nahrung auf. Züchter füttern jetzt über das gewöhnliche Maß hinaus mit Quark, Frischkäse oder Insekten.

Die Geburt: Ist es so weit, bringt ein Weibchen meist in den frühen Morgenstunden ein Junges nach dem anderen zur Welt. Beim Goldhamster sind es im Schnitt acht Jungtiere, der Rekord liegt sogar bei stolzen 17 Babys. Campbell- und Dsungarischer Zwerghamster werfen um die sechs Junge, die beiden anderen Arten oft noch weniger. Die Geburt dauert etwa eine Stunde. Sofort danach werden die Jungen von der Mutter sauber geleckt und beginnen zu saugen. Während der Geburt reagiert das Hamsterweibchen empfindlich auf Störungen. Glaubt sie ihre Jungen in Gefahr, kann es sogar passieren, dass sie beginnt, diese aufzufressen. Dieses Verhalten ist nicht etwa eine Verhaltensstörung, sondern ein völlig natürlicher Schutzmechanismus. Schließlich verlangt die Aufzucht der Jungen sehr viel Energie vonseiten der Mutter. Die ganze Kraft wäre verschwendet, würden die Jungen Feinden zum Opfer fallen. Aus diesem Grund ist es für den Fortbestand besser, den Wurf bei Gefahr zu töten. Dann kann das Weibchen schnell wieder neue Junge bekommen, die dann in einer friedlichen Umgebung aufwachsen.

Frauensache: Bei den Goldhamstern ist für Geburt und Aufzucht der Jungen allein das Weibchen zuständig. Nur bei den Zwerghamstern dulden die Weibchen den Partner in ihrer Nähe. Manche Väter helfen sogar bei der Aufzucht der Jungen, indem sie sie zum Beispiel wärmen, wenn die Mutter einmal das Nest verlässt. Nach neuesten Erkenntnissen unseres Instituts ist dies besonders bei den Roborowski-Zwerghamstern der Fall. Die Männchen von Campbell-Zwerghamster und Chinesischem Streifenhamster dagegen beteiligen sich deutlich weniger an der Brutpflege.

DIE ENTWICKLUNG DES HAMSTERS

Hamsterjunge sind Nesthocker. Bei der Geburt sind sie nackt, blind und völlig hilflos. Frisch geborene Hamster wiegen nicht mehr als 2 Gramm. Ihre Haut ist rötlich bis rosa, und die Kleinen würden erfrieren, wenn sie nicht von der Mutter (oder wie bei den Zwerghamstern auch vom Vater) gewärmt würden. Doch bereits am vierten Tag ihres Lebens sind die Jungen nicht nur doppelt so schwer, auch ihr Fell beginnt kräftig zu sprießen. Anfangs erscheinen Goldhamster noch grau, doch schon am fünften Tag sind die ersten hellbraunen Haare zu sehen. Ab diesem Tag ist auch ihr Geruchssinn so weit entwickelt, dass sie ihr eigenes Nest erkennen können. Wahrscheinlich hören die Jungtiere zu diesem Zeitpunkt auch schon. Fühlen sie sich verlassen,

Dieser Goldhamster ist schon über zwei Jahre alt. Sein Fell ist dünner geworden, und er hat an Gewicht verloren. Ein altes Tier braucht viel Ruhe, lässt sich aber gern mit einem Leckerbissen verwöhnen.

geben sie wie Fledermäuse Rufe im Ultraschallbereich von sich, die nur die Mutter, nicht aber ein Feind wahrnimmt. Schon ab dem sechsten Tag beginnen die Hamster zu krabbeln, aber es dauert noch einmal eine ganze Woche, bis sie ihre Augen öffnen.

In den ersten drei Lebenswochen versorgt die Mutter den Nachwuchs mit Milch. Danach sind die Jungen in der Lage, selbst Futter zu finden. Erste Ausflüge im Hamsterbau gehören ab jetzt bereits zur Tagesordnung. Wir wissen heute, dass die Mutter ihre Jungen nach vier Wochen verlässt. Eine Weile werden sie allerdings noch im Bau geduldet, wo sie sich vor Feinden schützen können, die draußen auf sie lauern. Danach müssen sie selbst für sich sorgen und eine eigene »Familie« gründen. Und das geht erstaunlich schnell. Goldhamsterjunge sind nach ungefähr fünf, Zwerghamsterjunge bereits nach etwa drei Wochen geschlechtsreif und können nun schon selbst Junge zeugen und bekommen.

DER ALTE HAMSTER

Ich habe bereits am Anfang dieses Buches erwähnt, dass Hamster nicht sehr alt werden. In der freien Natur stirbt ein Tier, das im April oder Mai geboren wurde, wahrscheinlich bereits im Herbst des darauffolgenden Jahrs. Ein wohlbehütetes Heimtier, das artgerecht ernährt und gut gepflegt wird und das sich auch ausreichend bewegen konnte, kann zwei bis drei, manchmal sogar vier Jahre alt werden. An den folgenden Anzeichen können Sie erkennen, dass Ihr kleiner Freund alt wird:

- → Er kommt abends nicht mehr sofort aus seinem Schlafhäuschen, sondern verweilt oft lange darin.
- → Er benutzt sein Laufrad seltener.
- → Das Fell wird struppig, und er verliert sogar Haare.
- → Das Tier frisst weniger und nimmt deutlich an Körpergewicht ab.

Leiser Abschied: Gestalten Sie Ihrem Hamster seinen Lebensabend besonders angenehm und ruhig. Verwöhnen Sie ihn öfter einmal mit einem seiner Lieblingsleckerbissen. Gönnen Sie ihm nun auch viel Ruhe. Er braucht in dieser letzten Lebensphase nicht mehr unbedingt Freilauf. Eines Tages werden Sie ihn dann zusammengerollt und leblos in seinem Schlafhäuschen finden. Er ist gestorben.

HINWEIS FÜR ELTERN

Vorbereitung: Sprechen Sie rechtzeitig mit Ihrem Kind und erklären Sie ihm, warum es Anzeichen gibt, dass der Hamster bald sterben wird. Sagen Sie ihm, dass er es bei ihm gut hatte, aber das Hamsterleben nun einmal recht kurz ist. Vielleicht versteht Ihr Kind sogar, dass Tiere und Pflanzen sterben müssen, damit Leben auf der Erde überhaupt existieren kann.

Abschied: Kinder überwinden den Schmerz über den Verlust besser, wenn sie ihr totes Tier im Garten oder an einem anderen lauschigen Plätzchen begraben dürfen. Vielleicht möchte Ihr Kind seinem Hamster einen Gegenstand mit ins Grab geben, den das Tier besonders gern hatte (zum Beispiel eine Handvoll Heu oder ein kleines Zubehör aus dem Käfig).

Mitgefühl: Erklären Sie Ihrem Kind, dass es für kranke Hamster oft besser ist, wenn der Tierarzt sie einschläfert, um sie vom Leid zu erlösen.

Nachfolge: Kaufen Sie nicht sofort einen neuen Hamster, um das Kind zu trösten. Besprechen Sie miteinander, ob und wann es ein neues Tier haben möchte.

Immer in Bewegung bleiben

Hamster in der Natur sind ziemlich aktiv und legen bisweilen große Strecken zurück. Für eine artgerechte Haltung ist es daher wichtig, dass Ihr kleiner Hausgenosse viel Bewegung und Abwechslung hat.

WIE LEBHAFT SIND HAMSTER?

Feldforschung an Hamstern ist zwar schwierig, aber ein paar Ergebnisse konnte sie dennoch bereits liefern. Wir haben zum Beispiel zwei Möglichkeiten, das nächtliche Hamsterleben zu beobachten. Bei der einen Methode wird an einem Band um den Hals der Nager ein kleiner Radiosender befestigt. Mit dem zugehörigen Empfänger lassen sich dann die Impulse des Senders erfassen – egal ob sich der Hamster gerade im Bau oder an der Oberfläche aufhält. Eine zweite Methode wurde in den letzten Jahren in unserem Institut in Halle entwickelt. Dazu werden Plastikringe auf die Öffnungen der Hamsterbaue gelegt, die gerade so groß sind, dass die Hamster bequem hindurchpassen. In jedem Ring sind eine kleine Antenne und zwei Lichtschranken eingebaut. Die Hamster werden nun gefangen, und man implantiert ihnen einen kleinen Sender unter die Haut. Da dieser so winzig wie ein Reiskorn ist, spüren die Tiere ihn weder, noch schränkt er sie in ihrer Bewegung ein. Sobald so ein »gechipter« Hamster seinen Bau verlässt oder in ihn zurückkehrt, wird dies von der Antenne und den Lichtschranken im Ring erfasst. Ein integriertes Speichersystem notiert ähnlich wie eine Speicherkarte in einer Digitalkamera all diese Daten. Mit einem Computer können die Forscher dann alle paar Tage die Zahlen auswerten. So erfahren sie, an welchem Tag und zu welcher Zeit welcher Hamster welchen Bau besucht hat und wie lange er darin geblieben ist.

SPANNENDE FORSCHUNG

Dank dieser eingehenden Erforschung wissen wir heute zum Beispiel, dass die Hamstermännchen zwar weite Strecken zurücklegen, die Baue der Weibchen aber nur ganz kurz besuchen. Sehr interessant ist auch, dass Goldhamster in der Nacht nicht nur unterwegs sind, sondern sich auch in ihrem Bau aufhalten. All dies sind wichtige Informationen, wenn Sie einen Hamster als Heimtier halten und ihn artgerecht beschäftigen wollen.

SO BLEIBT MEIN HAMSTER FIT

Im Zoofachhandel erhalten Sie eine ganze Reihe an mehr oder weniger sinnvollem Zubehör für den Hamsterkäfig. In einigen Fällen werden diese Geräte auch Hamsterspielzeug genannt. Das ist jedoch Unsinn, denn Hamster spielen nicht. Sie erkunden nur ihre Umwelt nach Fressbarem und nach geeigneten Rohstoffen für den Nestbau. Mit dem Käfigzubehör fordern Sie diesen Erkundungsdrang heraus und erreichen so, dass der Hamster sich zum einen mehr bewegt und zum anderen dabei neue Erfahrungen macht. Häuschen mit mehreren Etagen, kleine Leitern oder Wippen kommen dem Kletterbedürfnis der Hamster entgegen, die in der Natur blitzschnell aus ihrem Bau klettern können. Auch Objekte mit Aushöhlungen oder Öffnungen, durch die die Tiere kriechen können, sind gut geeignet. Für Goldhamster sollte so eine Öffnung nicht kleiner als 4,5 Zentimeter sein, damit sich die Tiere nicht einklemmen. Für Zwerghamster ist ein Durchmesser von 4 Zentimetern ausreichend.

SELBST GEBAUTES ZUBEHÖR

Auch wenn Sie nicht ausgesprochen handwerklich begabt sind, können Sie das Zubehör für den Hamster selbst fertigen. Das ist ganz praktisch, denn einerseits findet man im Zoofachhandel selten das Richtige und andererseits können Sie nur so völlig sicher sein, dass weder giftige Materialien noch spitze Nägel dem Vergnügen Ihres kleinen Lieblings im Wege stehen. Drittens sparen Sie auf diese Weise auch noch Geld.
Im Prinzip ist für die Konstruktion solcher Geräte alles geeignet, womit der Hamster sich nicht verletzen oder in Gefahr bringen kann. Gegenstände aus unbehandeltem Holz, aus unbedrucktem Karton, aus Ton, Sisal oder ungiftiger Modelliermasse sind dabei allen anderen vorzuziehen.
Holz: Natürlich steht Holz bei der Materialwahl an erster Stelle. Fragen Sie im Baumarkt nach 15 bis 20 Millimeter dicken Kiefern- oder Fichtenholzbrettchen, die beim Zusägen angefallen sind. Sie erhalten diese Stücke oft umsonst. Doch Sie dürfen solche Hölzer nur verwenden, wenn sie nicht behandelt wurden. Auch furniertes oder einseitig beschichtetes Holz ist nicht geeignet. Allenfalls Spanplatten können Sie als Alternative zu Echtholz in Erwägung ziehen. Nun brauchen Sie nur noch eine Feinsäge, und es kann losgehen. Ein paar Bauklötzchen, die sich immer wieder zu neuen Klettertürmen stapeln lassen, gelingen jedem.

Ein Häuschen aus Holz: Sie könnten Ihrem Hamster auch ein selbst gebautes Häuschen anbieten. Die Grundfläche für so einen Unterschlupf sollte etwa 20 x 10 Zentimeter betragen. Insgesamt brauchen Sie vier 10 Zentimeter hohe Seitenwände und ein passendes Brett für das Flachdach. In eine Seite sägen Sie ein rundes Eingangsloch mit 4,5 Zentimeter Durchmesser. Am einfachsten gelingt dies mit einer Lochsäge, die Sie für wenig Geld in jedem Baumarkt erhalten. Verbinden Sie die Teile mit Holzkaltleim oder Holzdübeln. Wenn Sie das Häuschen lackieren, können Sie es länger erhalten und besser säubern. Verwenden Sie aber nur speziellen Lack, der auch für Kinderspielzeug geeignet ist (gibt es ebenfalls im Baumarkt).
Ton und andere Materialien: Ton lässt sich fast noch leichter verarbeiten als Holz. Aus der weißen oder braunen Masse, die Sie in jedem

HAMSTERPARADIES
Wer so ein abwechslungsreich gestaltetes Gehege sein Eigen nennt, dem wird nicht so schnell langweilig. Hier gibt es jede Menge zu erkunden.

gut sortierten Bastelgeschäft erhalten, lassen sich sehr gut Höhlen und Schalen formen. Sie können die fertigen Objekte auch im Backofen bei 250 °C brennen oder einfach an der Luft trocknen zu lassen. Ebenfalls als Material für Hamsterzubehör geeignet sind Pappmaché aus Zeitungspapier und Tapetenkleister (zum Beispiel in mehreren Lagen um einen Luftballon gelegt), fester Karton (möglichst unbedruckt) und Porenbeton (aus dem Baumarkt).

SICHER IST SICHER

Achten Sie beim Zubehör darauf, dass keine Nägel oder Schrauben hervorstehen, an denen sich die Tiere verletzen können. Da Hamster Nager sind und ein Objekt mit der Zeit zerlegen können, sollten Nägel und Co. auch bei wiederholtem Nagen nicht freigelegt werden. Ideal zum Zusammenbauen: Leim oder Holzdübel.

LAUFRAD

Was fällt Ihnen als Erstes ein, wenn Sie an Zubehör für den Hamsterkäfig denken? Wahrscheinlich das Laufrad. Dementsprechend wurde bereits viel über das Für und Wider dieses Geräts diskutiert. Während die einen behaupten, das Rad sei gut gegen Langeweile, meinen die anderen, es mache den Hamster regelrecht süchtig. Erst wissenschaftliche Untersuchungen brachten Klarheit über den Nutzen des Laufrads. Ich selbst war an Forschungen beteiligt, bei denen Hamster verglichen wurden, die mit und ohne Laufrad lebten. Das Ergebnis war eindeutig, und ich kann nur jedem Hamsterbesitzer empfehlen, den Käfig mit einem Laufrad auszustatten. Die laufenden Hamster haben weniger Verhaltensstörungen, bilden mehr Muskeln aus, sind gesünder und haben mehr Nachkommen als ihre Artgenossen, die in einem Käfig ohne Rad leben. Eine Einschränkung gibt es jedoch: Laufrad ist nicht gleich Laufrad. Die Geräte müssen schon ein paar Anforderungen genügen. Sie sollten für Goldhamster einen Mindestdurchmesser von 25 Zentimeter und für Zwerghamster von 20 Zentimeter haben. Die Breite der geschlossenen Lauffläche sollte rund 8 Zentimeter betragen. Eine Seite des Laufrads sollte zudem komplett geschlossen sein. Laufräder aus Metall

Hamster sind zwar keine Kletterkünstler, probieren so eine hübsche Leiter aber gern mal aus.

TUNNELSYSTEM So ein Gebilde aus Holzröhren ähnelt den Gängen im Bau frei lebender Hamster und gefällt nicht nur Chinesischen Streifenhamstern.

UNTERHALTUNG Sind die Röhren nicht zu lang und durch häufige Öffnungen ausreichend belüftet, wird das System gern angenommen und mit ausgiebigem Interesse erkundet.

ARTGERECHT Der abwechslungsreiche Freilauf erhöht das Wohlbefinden Ihres kleinen Pfleglings und beugt Verhaltensstereotypien vor.

und mit einer speichenförmigen Lauffläche sind dagegen wenig geeignet. Der Hamster kann darin leicht hängen bleiben und sich verletzen.

RÖHRENSYSTEME

Dem natürlichen Verhalten des Hamsters kommen Sie ganz besonders mit Zubehör entgegen, das durch Röhren verbunden ist. Sie können zum Beispiel ganz einfach das Hamsterhäuschen mit einem zweiten Haus verbinden, das als Futterlager dient. Noch besser ist es, zwei Käfige mithilfe von Röhren miteinander zu verbinden. Als Durchmesser für die Gänge sind 4,5 Zentimeter zu empfehlen. Außerdem sollten die Röhren nicht länger als 30 Zentimeter sein. Es wird sich nicht verhindern lassen, dass Ihr Hamster die Rohre als Toilette benutzt. Daher müssen sie ab und zu gesäubert werden. Und dazu sollten sie sich leicht entfernen lassen. Ebenso wichtig ist auch eine ausreichende Belüftung. Dafür ist es sinnvoll, Löcher in die Röhren zu bohren. Sie müssen allerdings so klein sein, dass der Hamster nicht mit seinen Pfoten darin hängen bleibt. Haben Sie keine Geduld, selbst Hand anzulegen, greifen Sie am besten zu flexiblen Dränagerohren (aus dem Baumarkt), die bereits gelocht sind.
Hinweis: Die bunten und fertig konfektionierten Röhrensysteme, die man im Zoofachhandel erhält, kann ich nicht empfehlen. Abgesehen vom Preis sind sie aus vielerlei Gründen für den Hamster ungeeignet. So sind sie zum Beispiel oft nicht ausreichend belüftet. Außerdem setzt sich bei vielen Modellen so viel Urin darin ab, dass eine hohe Ammoniak-Konzentration entsteht.

SANDBAD

Ein Sandbad wird von Zwerghamstern gern angenommen. Die Tiere reinigen darin ihr Fell und befreien es in der Natur von lästigen Parasiten. Nehmen Sie sogenannten Chinchilla-Sand aus dem Zoohandel und füllen Sie ihn in eine flache Keramikschale, die Sie in den Käfig stellen.

Beschäftigungsideen

Hamster lieben es, ihre Welt zu erforschen. In freier Natur suchen sie nach Nahrung oder nach Material für den Nestbau – das entspricht ihrem Naturell. Ihrem Bewegungs- und Erkundungsdrang muss man daher auch in der Heimtierhaltung gerecht werden. Hier ein paar Ideen, damit dem Hamster in seinem Käfig nicht so schnell langweilig wird.

LAUFRAD
Ein Laufrad ist ein Muss in jedem Hamsterkäfig: Laufende Hamster leiden seltener unter Verhaltensstörungen und bilden mehr Muskeln aus. Sie sind insgesamt gesünder und haben auch mehr Nachkommen.

HOLZBRÜCKE
Aus Ästen und Naturholz oder unbehandeltem Rundholz aus dem Baumarkt lässt sich ganz einfach eine kleine Brücke zum Klettern bauen. Verbinden lassen sich die Hölzer mit Kaltleim oder mit Dübeln.

KLETTERTÜRME Aus Bauklötzen lassen sich schnell spannende Klettertürme oder -parcours in immer neuen Varianten bauen. Das sorgt für Abwechslung!

HOLZHÄUSCHEN

So ein Holzhäuschen eignet sich prima zum Klettern und Erkunden. Gleichzeitig kann der kleine Nager am Holz seine Zähne einsetzen.

SANDKASTEN

Vor allem Zwerghamster lieben es, im Sand zu baden! Geeignet ist Chinchilla-Sand aus dem Zoohandel. Er wird einfach in eine flache Schüssel gefüllt – fertig ist der Sandkasten!

WIPPE

Wer das nötige handwerkliche Geschick mitbringt, kann seinem Hamster auch eine Holzwippe aus Naturholz basteln. Damit sie nicht umkippt, braucht sie allerdings ein stabiles Fundament.

DAS RICHTIGE MATERIAL

Holz ist das ideale Material, um spannende Käfig-Accessoires zu basteln. Wichtig ist, dass sich keine spitzen Gegenstände wie Nägel, Schrauben oder Drähte im Holz befinden. Zudem sollten die Teile unbehandelt sein, da sie vom Hamster angenagt werden. Zur Befestigung eignen sich am besten Leim oder Dübel.

FREILAUF – ABWECHSLUNG ZUM KÄFIGALLTAG

Die wohl interessanteste Abwechslung für einen Hamster ist es, aus seinem Käfig herauszukommen und Neuland erkunden zu können. Auch für Sie ist es schön, ihn dabei zu beobachten.

RAUS AUS DEM KÄFIG

Das Wichtigste vorweg: Anders als bei Kaninchen oder Meerschweinchen kommt ein Freilauf im Garten oder auf dem Balkon für Hamster leider nicht infrage. Dort lauern einfach zu viele Gefahren für diese kleinen Tiere. Außerdem sind Hamster ziemlich clever, und Ihr Liebling würde sicher eine Möglichkeit finden, auf Nimmerwiedersehen zu verschwinden. Deshalb sollte der Freilauf nur im Zimmer stattfinden, und dort am besten in einem eigens dafür vorbereiteten Freilauf-Parcours. Ohne Ihre Hilfe sollte der Hamster diesen von der geöffneten Käfigtür aus erreichen können. Eine passende Rampe oder Leiter kann dabei hilfreich sein und ist zugleich die erste Herausforderung für den kleinen Kletterkönig. So kommt er gut raus und auch wieder rein.

Freilauf kann ein Hamster gar nicht genug bekommen. Wenn das »Gehege« gesichert ist, kann er sich gefahrlos darin bewegen und beschäftigen. Eine Decke oder ein Stück Teppich halten den Boden sauber.

Sicherheitsmaßnahmen: Damit dem Hamster nichts passiert, müssen Sie ein paar Vorbereitungen treffen. Mit folgenden Sachen sollte er besser nicht in Berührung kommen: giftige Zimmerpflanzen, Strom führende Teile (wie Steckdosen oder Kabel), brennende Kerzen, Heizgeräte, spitze oder scharfe Gegenstände und andere Haustiere. Wegen erhöhter Rutschgefahr ist es schlecht, wenn der Hamster auf glatten Flächen laufen muss, wie Fliesen, Laminat, Parkett oder Linoleum. Teppichboden aber ist gut geeignet. Darüber hinaus müssen Sie Sorge tragen, dass Ihr Pflegling keine Gelegenheit hat, sich aus dem Staub zu machen und in Ritzen oder Spalten unter Möbelstücken, in Vasen oder gar aus dem geöffneten Fenster zu verschwinden. Dichten Sie also alles ab. Ganz auf der sicheren Seite sind Sie, wenn Sie die Freilauffläche mit mehreren rund 30 Zentimeter hohen Brettern oder festen Kartonstreifen eingrenzen.

DIE FREILAUFAUSSTATTUNG

Im Gegensatz zum beengten Käfig haben Sie bei der Gestaltung der Freilauffläche viel mehr Spielraum. Aus Holzresten und Ästen lassen sich Höhlensysteme errichten, die der Hamster erkunden kann. Oder Sie konstruieren ein Labyrinth aus Holz oder Steinen. Sie werden staunen, wie schnell Ihr Tier lernt, dieses zu beherrschen. Stellen Sie einen größeren Behälter mit Sand oder Torfmull auf, in dem der Hamster ungestört graben kann. Säen Sie in einer flachen Schale mit etwas Erde oder Zellstoff Weizenkörner oder Grassamen aus. Wenn die Pflänzchen größer sind, stellen Sie ihm die Schale zum Erkunden und Fressen hin. Apropos Fressen: Verstecken Sie kleine Futterstückchen im Freilaufgehege. Dadurch wird die Neugier Ihres Freundes noch stärker geweckt.

FREILAUF MIT SPASSFAKTOR

Sauber: Es wird sich nicht vermeiden lassen, dass der Hamster beim Freilauf auch Kot oder Urin abgibt. Wenn Sie Bedenken haben, dass dadurch der Teppich verunreinigt wird, breiten Sie einfach ein altes Laken auf der Freilauffläche aus. Das können Sie anschließend bequem wieder einrollen und von Zeit zu Zeit auch waschen.
Sicher: Läuft der Hamster frei im Raum herum, müssen Sie vorher alle Möbel absichern, unter die er kriechen könnte. Am besten legen Sie einfach rund 30 Zentimeter hohe Holz-, Papp- oder Plastikstreifen davor. Auf dieselbe Weise verhindern Sie auch den Kontakt mit gefährlichen Gegenständen (wie giftigen Zimmerpflanzen, Steckdosen oder Kabeln). Ein Streifen vor der Tür sorgt dafür, dass Ihr Hamster nicht ausbricht, wenn Sie kurzfristig den Raum verlassen müssen.
Unter Aufsicht: Das Wichtigste bei allen Aktivitäten außerhalb des Käfigs: Lassen Sie Ihren Hamster nie aus den Augen. Wenn er doch einmal entkommen konnte, versuchen Sie ihn mithilfe der Tipps ab Seite 48 ff. einzufangen.

Schon gewusst?

Klettern Obwohl im Buch zwar erwähnt wird, dass Hamster gern klettern, handelt es sich dabei nicht um echtes Klettern. Besonders Goldhamster sind nicht in der Lage, senkrechte Flächen zu erklimmen oder auf Bäume zu kraxeln. Sie sind eher auf das Laufen am Boden ausgelegt und überwinden Hindernisse hauptsächlich durch kleine Sprünge. Wenn Sie also – wie empfohlen – Wände von mindestens 30 Zentimetern Höhe bieten, werden die Tiere diese nicht überwinden können.

BEOBACHTEN UND STAUNEN!

Im Folgenden gebe ich Ihnen ein paar Tipps, wie Sie Ihren Hamster noch besser kennenlernen können. Mit diesen Methoden sind Sie schon fast auf dem Weg, zum Hamsterprofi zu werden.

WIEGEN

Relativ objektive Information über den Allgemeinzustand Ihres Tiers erhalten Sie, wenn Sie es regelmäßig einmal in der Woche wiegen. Benutzen Sie dazu am besten eine handelsübliche Küchenwaage mit digitaler Anzeige. Lassen Sie den Hamster in ein Gefäß laufen, aus dem er nicht so schnell wieder herauskann, und stellen Sie dieses auf die Waage. Notieren Sie das Gewicht des Hamsters. Vergessen Sie dabei nicht, das Gewicht des Gefäßes vom Gesamtgewicht abzuziehen. Wenn Sie einen Computer haben, können Sie sogar eine Grafik erstellen,

Der Hamster ist kein Kuscheltier. Es macht jedoch viel Spaß, ihn aufmerksam zu beobachten. Dabei lassen sich einige interessante Verhaltensweisen entdecken.

die die Gewichtsveränderungen optisch darstellt. Sollte Ihr Hamster einmal krank werden, können Sie den Tierarzt nicht nur mit einem Ausdruck der Daten beeindrucken, sondern liefern ihm auch wertvolle Hintergrundinformationen.

TAGESAKTIVITÄT

Hat Ihr Hamster einen festen Tagesrhythmus? Wie ändert sich seine Aktivität je nach Jahreszeit? Versuchen Sie so oft wie möglich, die Aufwachzeit Ihres kleinen Lieblings in eine Tabelle einzutragen. Auch hier kann eine Computergrafik wertvolle Dienste leisten und Veränderungen deutlich machen – etwa im Vergleich zwischen warmen Sommer- und kalten Wintermonaten.

LERNVERMÖGEN

Wie intelligent ist Ihr Pflegling? Messen Sie dazu, wie schnell er mit ungewohnten Herausforderungen klarkommt. Lassen Sie ihn zum Beispiel beim Freilauf durch ein neu konstruiertes Labyrinth laufen (Anregungen dazu finden Sie im Internet). Am Ziel erhält er eine kleine Belohnung. Stoppen Sie die Zeit, die Ihr Hamster braucht, und registrieren Sie die Fehler. Nach wie vielen Durchläufen bleibt die Zeit stabil?
Eine andere Möglichkeit ist es, den Hamster auf Formen zu trainieren (der Verhaltensforscher nennt dies Konditionieren). Dazu legen Sie dem Tier einen Karton mit zwei Öffnungen vor, die Sie zuvor mit verschiedenen Symbolen markiert haben (zum Beispiel einem Kreis und einem Dreieck). Der Raum hinter den Öffnungen darf nicht miteinander verbunden sein. Legen Sie hinter eine der Öffnungen das Lieblingsfutter Ihres Tiers. Wechseln Sie nun immer wieder die Position des Kartons, bieten Sie das Futter aber nur hinter derselben Öffnung an (etwa beim Kreissymbol). Lernt der Hamster auf Anhieb die richtige Öffnung auszuwählen?

PUTZABFOLGE

Beobachten Sie einmal ganz genau, wie sich Ihr Hamster putzt. Welche Bewegungen führt er dabei aus? Benutzt er beide Vorderbeine? Wie setzt er die Hinterbeine ein? Wenn Sie wissen, wie er sich putzt, registrieren Sie den Ablauf der Prozedur. Die Putzabfolge ist nämlich genetisch festgelegt. Ein Verhaltensforscher kann daher schon an minimalen Veränderungen erkennen, ob mit dem Tier alles stimmt.
Hinweis: Bei aller Leidenschaft für das Beobachten sorgen Sie bitte dafür, dass Ihr Interesse an Ihrem Hamster für ihn nicht in Stress ausartet.

Der Hamster schaut neugierig aus seinem Häuschen. Was ist da draußen geboten? Gibt es vielleicht ein besonders leckeres Häppchen?

HAMSTER IN FREIER NATUR

Wenn Sie dieses Buch gelesen haben und vielleicht schon einen Hamster pflegen, interessieren Sie sich bestimmt dafür, wie Hamster in ihrem eigentlichen Verbreitungsgebiet leben. Uns, die wir mit Hamstern zunächst nur in Laboren der Universität Halle gearbeitet haben, ging es jedenfalls so. Irgendwann entstand der Wunsch, die Tiere im »Feld« zu beobachten und zu erforschen. Schließlich war die Welt ja zusammengerückt und man konnte beinahe überall hinreisen. Ende des 20. Jahrhunderts besuchten wir also Syrien, die Türkei, Russland, Kasachstan und andere Länder, in denen Hamster vorkommen. Das war damals noch einfach, ist aber jetzt durch politische Veränderungen nahezu unmöglich.

VORKOMMEN WELTWEIT

Alle ca. 20 Hamsterarten kommen nur in Eurasien vor. In ganz Amerika oder Australien gibt es keine wild lebenden Hamster. Nach der Größe unterteilt man die Arten in drei Gruppen:

- → Der Feldhamster (Gattung *Cricetus*) mit nur einer Art *(Cricetus cricetus)* kommt fast in ganz Europa von Frankreich im Westen bis nach Russland im Osten vor.
- → Die Mittelhamster (Gattung *Mesocricetus*) umfassen vier Arten: den Goldhamster *(Mesocricetus auratus)* in Syrien um Aleppo und der Südtürkei, den Türkischen Hamster *(Mesocricetus brandti)* hauptsächlich in der Türkei, aber auch im Transkaukasus, den Rumänischen Hamster *(Mesocricetus newtoni)* in Nordbulgarien und Rumänien sowie den Schwarzbrusthamster *(Mesocricetus raddei)* im Kaukasus (Dagestan, Georgien). Bis auf den Türkischen Hamster sind die Arten selten und teils vom Aussterben bedroht. Es ist also sehr schwierig, sie in freier Natur zu finden oder zu beobachten.
- → Die Zwerghamster mit mehreren Gattungen, darunter *Phodopus*, *Cricetulus* und *Allocricetulus*, sind eher nicht bedroht, da sie in Gebieten vorkommen, die (noch) keinem starken menschlichen Einfluss unterliegen.

LEBEN IM FREILAND

Hamster besiedeln ursprünglich Steppen bis hin zu Wüsten, also eher trockene Gebiete. Teilweise sind sie dazu übergegangen, aufgrund des guten Nahrungsangebots menschliche Anpflanzungen zu besiedeln. So konnten wir beobachten, dass sich Goldhamster oft in Linsenfeldern aufhalten. Als die Art um 1948 in Deutschland zur Haltung eingeführt wurde, bestand die Befürchtung, dass entkommene Tiere sich auf den Feldern ausbreiten könnten. Es wurde aber schnell klar, dass unsere kalten und feuchten Winter das verhindern. Auch die drei im Buch beschriebenen Zwerghamsterarten könnten höchstwahrscheinlich nicht die Winter bei uns im Freiland überstehen.
Alle Hamster leben in selbst gegrabenen Bauen mit meist nur einer Eingangsröhre. Sie sind in der Dämmerung bzw. Nacht außerhalb ihres Baus unterwegs, besetzen aber nicht immer nur einen bestimmten Bau, sondern wechseln ihn und besiedeln auch verlassene Baue. Der Bau puffert die starken Temperaturschwankungen (Minusgrade im Winter, im Sommer bis 40 °C) ab. Die Temperatur im Goldhamsterbau beträgt konstant 12 bis 15 °C. Wie erwähnt halten Goldhamster bei niedrigen Temperaturen zeitweise Winterschlaf, Zwerghamster sind dagegen immer aktiv.

AUF FREIER FLUR
Der Feldhamster lebt hauptsächlich in Kornfeldern, gräbt fleißig an seinem Bau und legt Vorräte aus Samen und Körnern an. Er gilt heute als vom Aussterben bedroht.

Die **halbfett** gesetzten Seitenzahlen verweisen auf Abbildungen, U = Umschlag, UK = Umschlagklappe.

A

B

C

D

E

F

G

H

J/K

Die Inhalte dieses Buches beziehen sich auf die Bestimmungen des deutschen Tier- bzw. Artenschutzes. In anderen Ländern können die Angaben abweichend sein. Erkundigen Sie sich daher im Zweifelsfall bei Ihrem Zoofachhändler oder bei der entsprechenden Behörde.

VERBÄNDE/VEREINE

- Bundesarbeitsgruppe Kleinsäuger e.V.
  Brantestr. 6, 56746 Hohenleimbach
  www.bag-kleinsaeuger.de
  (nur Fragen zur Haltung möglich)
- Bundesverband für fachgerechten Natur-, Tier- und Artenschutz e.V. (BNA)
  Ostendstr. 4, D-76707 Hambrücken
  www.bna-ev.de
  Der Dachverband privater Tierhalter, Vereine und Verbände vertritt die Interessen der Tierhalter vor allem beim Artenschutz und bietet Schulungen an.
- Deutscher Tierschutzbund e.V.
  In der Raste 10, D-53129 Bonn
  www.tierschutzbund.de
- Österreichischer Tierschutzverein
  Berlagasse 36, A-1210 Wien
  www.tierschutzverein.at
- Schweizer Tierschutz (STS)
  Dornacherstr. 101, CH-4018 Basel
  www.tierschutz.com

BÜCHER, DIE WEITERHELFEN

- Fritzsche, P.: Zwerghamster. Gräfe und Unzer Verlag, München
- Gattermann, R., Fritzsche, P. und Neumann, K.: Der Goldhamster *Mesocricetus auratus*. Neue Brehm-Bücherei, Militzke Verlag, Leipzig
- Göbel, T./Ewringmann, A.: Heimtierkrankheiten. UTB Verlag, Stuttgart
- Hindrichs, K.: Das kleine Hamsterlexikon. Natur und Tier Verlag, Münster
- Honigs, S.: Zwerghamster. Biologie, Haltung, Zucht. Natur und Tier Verlag, Münster
- Weinhold, U./Kayser, A.: Der Feldhamster. Westarp Wissenschaften, Hohenwarsleben

HAMSTER IM INTERNET

Tipps zu Ernährung, Pflege und Gesundheit von Hamstern sowie Adressen von Züchtern und Clubs finden Sie auf diesen Internetseiten:

- www.hamsterinfo.de
- www.hamsterparadies.de
- www.hamsterseiten.de
- www.das-hamsterforum.de
- www.botanikus.de

BILDNACHWEIS

Cover: Unsplash/Ricky Kharawala
Illustrationen: Bella Illenberger

Alle Fotos in diesem Buch stammen von **Oliver Giel** (giel-bildwelten.de), mit Ausnahme von:

Adobe Stock: 002, 003, 005, 015-1, 019, 032, 033, 045, 058-1, 058-2, 058-3, 058-4, 058-5, 058-6, 059-1, 059-2, 059-3, 060-1, 060-2, 060-3, 060-4, 060-5, 060-6, 061-1, 061-3, 079, 093; **Depositphotos:** 061-2; **Peter Fritzsche:** 008, 014-4, 014-5, 094; **Getty Images:** U4-1, 001 020, 051, 063, 080, 089; **iStock:** Innenklappe hinten; **Shutterstock:** 004-1; 066; **The Noun Project:** 004-2; **Wildlife/Oliver Giel:** 017

Tierarztcheck

Weder Impfungen noch Check-ups sind bei Hamstern nötig oder sinnvoll. Für eine artgerechte Haltung ist es aber wichtig, das Tier täglich zu beobachten.

Achten Sie besonders auf Veränderungen im Verhalten und Aussehen des Hamsters! Gibt es auffällige Unterschiede zum Vortag? Wenn ja, sollten Sie möglichst schnell zum Tierarzt!

Solche **Unterschiede im Verhalten** können sein:

- → Im Gegensatz zu anderen Tagen kommt der Hamster nicht aus seinem Häuschen, er wirkt apathisch.
- → Das Tier ist plötzlich besonders aggressiv und faucht eventuell bei Annäherung.
- → Der Hamster bewegt sich komisch, oder er humpelt beim Laufen.
- → Er versucht sich intensiver als sonst zu putzen oder zu kratzen.
- → Der Hamster hat Schwierigkeiten zu fressen, eventuell läuft ihm Speichel aus dem Maul.
- → Der Hamster hat Schwierigkeiten beim Hamstern, das heißt seine Hamsterbacken zu füllen bzw. zu entleeren.

Wichtig

Benutzen Sie für den Transport zum Tierarzt möglichst eine Transportbox. Polstern Sie sie mit Zellstoff aus und geben Sie ein wenig Einstreu aus dem Hamsterkäfig mit hinein.

Auffällige **Veränderungen im Aussehen** sind:

- → Das Fell ist struppig oder (besonders beim Teddyhamster) extrem verfilzt. Oder es gibt kahle Stellen mit Haarausfall.
- → Der Hamster ist verletzt. Er ist gestürzt oder hat Bisswunden im Kampf mit einem anderen Hamster erhalten.
- → Der Hamster hat Durchfall und/oder seine Analregion ist feucht (schnell zum Tierarzt!).
- → Die Zähne des Tieres sehen anormal aus (zu lang oder Fehlstellung).
- → Der Hamster niest, die Nase läuft evtl., beim Atmen hört man ein pfeifendes Geräusch.
- → Mundwinkel, Lippen, oder auch die Nase des Hamsters sind gerötet oder verschorft.
- → Die Augen scheinen entzündet zu sein, sie sondern Tränenflüssigkeit ab.
- → Der Hamster hat im Vergleich zur Vorwoche stark an Gewicht verloren (ca. 7 g Goldhamster, ca. 5 g Zwerghamster).
- → Der Hamster hat eine harte Stelle oder Beule im Körper (ggf. Abtasten).

Peter Fritzsche

»Hamster begeistern mich schon lange. Sie sind nicht nur niedlich, sondern auch echte Anpassungskünstler, die ihre Welt auf ganz besondere Weise erkunden.«

Dr. Peter Fritzsche ist promovierter Biologe und war wissenschaftlicher Mitarbeiter am Institut für Zoologie der Martin-Luther-Universität Halle-Wittenberg. In rund 40 Jahren hat er die Biologie von Hamstern im Labor und in freier Natur erforscht und dabei an mehreren Expeditionen in die Verbreitungsgebiete der Hamster teilgenommen. Er ist weltweit als Hamsterexperte anerkannt.

G|U

LIEBE LESERIN, LIEBER LESER,

wie wunderbar, dass du dich für ein Buch von GU entschieden hast! In unserem Verlag dreht sich alles darum, dir mit gutem Rat dein Leben schöner, erfüllter und einfacher zu machen. Unsere Autorinnen und Autoren sind echte Expertinnen und Experten auf ihren Gebieten, die ihr Wissen mit viel Leidenschaft mit dir teilen. Und unsere erfahrenen Redakteurinnen und Redakteure stecken viel Liebe und Sorgfalt in jedes Buch, um dir ein Leseerlebnis zu bieten, das wirklich besonders ist. Qualität steht bei uns schon seit jeher an erster Stelle – jedes Buch ist von Büchermenschen für Buchbegeisterte gemacht, mit dem Ziel, dein neues Lieblingsbuch zu werden.

Deine Meinung ist uns wichtig, und wir freuen uns sehr über dein Feedback und deine Empfehlungen – sei es im Freundeskreis oder online.

Viel Spaß beim Lesen und Entdecken!

P.S. Hier noch mehr GU-Bücher entdecken: www.gu.de

FÜR DIE UMWELT

Dieses Buch wurde auf PEFC-zertifiziertem Papier aus nachhaltiger Waldwirtschaft gedruckt. Aus Liebe zur Natur verwenden wir leichtes Papier.

DIE BÜCHERMENSCHEN HINTER DIESEM PROJEKT

Verlagsleitung: Nadja Harzdorf-van Wickeren
Projektleitung: Jens van Rooij
Lektorat: Gerdi Killer, booklab GmbH, München
Korrektorat: Claudia Kohnle, München
Bildredaktion: Fabian Riedel
Cover & Layout: ki36 Sabine Krohberger Editorial Design, München
Satz: Longo AG, Bozen
Herstellung: Petra Roth
Illustrationen (»Auf einen Blick«): Bella Illenberger
Reproduktion: Longo AG, Bozen
Druck & Bindung: Firmengruppe Appl, aprinta GmbH, Wemding

www.gu.de/kontakt | hallo@gu.de

GU ist eine eingetragene Marke der GRÄFE UND UNZER VERLAG GmbH

1. Auflage 2025,
ISBN: 978-3-8338-9736-8

WICHTIGER HINWEIS

Die Gedanken, Methoden und Tipps in diesem Buch basieren auf den Erfahrungen des Autors. Sie wurden nach bestem Wissen erstellt und mit größtmöglicher Sorgfalt geprüft. Weder Autor noch Verlag können jedoch für eventuelle Nachteile oder Schäden, die aus den im Buch gegebenen praktischen Hinweisen resultieren, eine Haftung übernehmen.

WERDE TEIL DER GU-COMMUNITY!

Du und deine Familie, dein Haustier, dein Garten oder einfach richtig gutes Essen. Egal, wo du im Leben stehst: Als Teil unserer Community entdeckst du die neuesten GU-Bücher als Erstes, du genießt exklusive Leseproben und wirst mit wertvollen Impulsen und kreativen Ideen bereichert.

Worauf wartest du? Sei dabei!

www.gu.de/gu-community

WARUM UNS DAS BUCH BEGEISTERT

Ein Muss für alle, die ihren Hamster lieben, ihn artgerecht halten und diese faszinierenden Tiere besser kennenlernen möchten.

Nadja Harzdorf-van Wickeren, Verlagsleitung

Immanuel Birmelin
TIERRATGEBER
MEER-
SCHWEINCHEN
So fühlen sie sich rundum wohl
Mit großem interaktivem ONLINE-LERNQUIZ
G|U